中国地质调查成果 CGS 2019-031
西北地区矿产资源潜力评价与综合（1212010881632）项目资助
西北地区矿产资源潜力评价系列丛书
丛书主编 李文渊 王永和

西北地区遥感地质图集
XIBEI DIQU YAOGAN DIZHI TUJI

李健强　　高　婷　　等编著

中国地质大学出版社
ZHONGGUO DIZHI DAXUE CHUBANSHE

内容提要

《西北地区遥感地质图集》是中国地质调查局"西北地区矿产资源潜力评价与综合"项目（2006—2013年）中"遥感资料应用"课题的研究成果。本图集采用中—高分辨率多光谱遥感数据，从"线、带、环、块、色"五大类遥感地质信息及近矿找矿标志的遥感研究入手，总结了西北地区重要成矿带的遥感地质特征，论述了西北地区遥感五要素和遥感异常的典型特征及其与矿产的关系，归纳了沉积型、火山岩型、侵入岩体型、变质型、层控内生型和复合内生型的遥感找矿模型（式）并进行了遥感找矿预测。工作组在上述研究的基础上，选取部分具有代表性的遥感预测工作区和典型矿床，将遥感影像、遥感矿产地质特征解译图、遥感异常图和图件简要说明等内容编撰成集。

本图集可供遥感地质专业师生、地质矿产调查及科研人员参考。

图书在版编目（CIP）数据

西北地区遥感地质图集 / 李健强等编著. —武汉：
中国地质大学出版社，2022.7
ISBN 978-7-5625-4920-8

Ⅰ. ①西⋯
Ⅱ. ①李⋯
Ⅲ. ①遥感地质-西北地区-图集
Ⅳ. ①P627-64

中国版本图书馆CIP数据核字(2021)第191102号
审图号：GS(2022)3160号

西北地区遥感地质图集

李健强　高　婷　等编著

| 责任编辑：韦有福　马　严 | 选题策划：毕克成　刘桂涛 | 责任校对：徐蕾蕾 |

出版发行：中国地质大学出版社（武汉市洪山区鲁磨路388号）　　邮政编码：430074
电　　话：（027）67883511　　传　　真：（027）67883580　　Email:cbb@cug.edu.cn
经　　销：全国新华书店　　http://cugp.cug.edu.cn

开　　本：787毫米×1092毫米 1/8　　字数：240千字　　印张：8
版　　次：2022年7月第1版　　印次：2022年7月第1次印刷
制作印刷：中煤地西安地图制印有限公司

ISBN 978-7-5625-4920-8　　定价：298.00元

如有印装质量问题请与印刷厂联系调换

《西北地区遥感地质图集》编辑委员会

主　　编：李健强

编　　委：高　婷　张　转　易　欢　任广利　韩海辉　杨　敏
　　　　　韩晓明　巨生成　冯备战　张云峰　张晓东　孙卫东
　　　　　王冬青　朱彦虎　李领军　张永庭　梁　楠　姚安强

地图工艺：植忠红　张　军

地图制版：严壬悦　张雪娇　张　军　张　涛　张元元

前　言

西北地区幅员辽阔，物产丰富，是我国重要的资源接续基地。西北地区也是我国乃至世界上地貌景观最为复杂的地区之一，有高大的山川、广袤的盆地，有荒凉的戈壁、无垠的沙漠，有肥沃的平原、苦寒的高原，其土地干湿状况跨越湿润、半湿润、半干旱和干旱四大区，其自然植被涵盖森林、森林-草原、草原、荒漠等多种类型。得天独厚的、多样而复杂的地质景观使西北地区俨然成为遥感示范应用绝佳场所。

卫星遥感技术凭借其宏观、精准、动态、综合、多层次的优势，多年来在西北地区地质工作中发挥着重要的先导作用。从20世纪50年代中期开始，在秦岭、柴达木、昆仑、鄂尔多斯等地利用航片（航空摄影照片，多为黑白影像）开展1∶20万地质填图和石油地质普查。20世纪70年代卫片（卫星影像）兴起之后，彩色-假彩色影像广泛应用到西北地区的地貌、岩体、构造、水文要素等遥感解译中，遥感地质应用逐渐从兴起走向了成熟。近年来，遥感已呈现"三高"特征，即高空间分辨率、高光谱分辨率、高时间分辨率。这为西北特殊景观区的区域地质填图、矿产资源调查、水文地质调查、地质灾害及地质环境监测与评价带来了革命性技术应用，使得遥感地质成为这些年来在地质调查工作中表现最为活跃的专业之一。特别是WorldView2/3、CASI/SASI、HyMap等高分辨率、高光谱遥感数据的广泛应用，开辟了大比例尺精细地质工作的新技术领域，形成的系列成果为西北地区能源资源勘查、地质灾害防治和地质环境保护与修复等提供了重要支撑。

为摸清铁、锰、铬、铜、铅、锌、铝、镍、钨、锡、钼、锑、金、银、锂、稀土、磷、硫、钾盐、硼、重晶石、菱镁矿、萤石23种重要矿产资源家底，中国地质调查局于2006年启动全国矿产资源潜力评价工作，历时8年，于2013年结束。遥感作为矿产资源潜力评价重要的技术手段之一，在西北地区的矿产资源潜力评价中得到了广泛而成功的应用，解译和提取了大量的"线""环""带""块""色"和蚀变异常等遥感要素信息，实现了西北地区1∶5万全覆盖，完成了各矿种预测工作区1∶25万~1∶5万矿产地质特征和近矿找矿标志分析，为总结成矿规律与矿产预测提供了重要的预测要素信息。

在陕西、甘肃、宁夏、青海和新疆五省（自治区）矿产资源潜力评价遥感资料应用成果的基础上，编著者通过综合集成形成了西北地区矿产资源潜力评价遥感成果，并据此总结出版了《西北地区矿产地质遥感应用研究》（李健强等，2018年）一书。囿于该书的篇幅，一些典型的遥感影像和图件并未能在该书中得以展示。为充分展现西北地区的遥感地质特征、重要遥感地质现象和典型矿产地遥感预测要素，编著者以西北五省（自治区）矿产资源潜力评价遥感资料应用成果为基础，综合近年东昆仑、西昆仑部分整装勘查区/矿集区的地质矿产调查成果，挑选并编辑完成了《西北地区遥感地质图集》。

本图集编图范围涵盖了陕西、甘肃、宁夏、青海和新疆西北五省（自治区），编图面积308.51×104km²。其中，1∶25万遥感矿产地质特征解译和遥感异常提取覆盖西北五省（自治区），1∶10万~1∶5万遥感矿产地质特征解译和遥感异常覆盖523个重要矿产预测工作区。本图集包含反映遥感地质特征的西北地区影像图、构造解译图、组合异常图；反映景观条件图的西北地区地貌图、地势图、植被指数图、干旱指数图、荒漠化解译图；反映重要矿业活动分布图，成矿地质背景的Ⅲ级成矿区（带）划分图，侵入岩、火山熔岩、蛇绿混杂岩、杂岩分布图，以及省（自治区）构造解译图、组合异常图，8处典型矿床高光谱遥感、中—高分多光谱遥感剖析图，21个预测工作区遥感解译图。西北地区矿产资源潜力评价的遥感地质成果丰硕，部分成果已收录于《遥感资料应用典型矿床研究图集》（于学政等，2017年）中，但本图集并未包含上述成果。

本图集主要反映的是西北地区矿产资源潜力评价相关参与单位的遥感专业集体成果，在编撰过程中得到了中国地质调查局西安地质调查中心、新疆维吾尔自治区地质调查院、青海省地质调查院、甘肃省地质调查院、西北有色地质研究院、宁夏回族自治区地质调查院等单位的遥感工作者的大力支持，所采用的图件、数据是无数遥感工作者辛劳及智慧的结晶，在此表示衷心的谢意！

编著者

2022年6月15日

目 录

序图
- 西北地区影像图 ··· 2
- 西北地区遥感构造解译图 ····························· 3
- 西北地区遥感组合异常图 ····························· 4

遥感景观条件图
- 西北地区地貌图 ······································· 6
- 西北地区地势图 ······································· 7
- 西北地区植被指数图 ·································· 8
- 西北地区干旱指数图 ·································· 9
- 西北地区荒漠化解译图 ······························· 10

遥感地质矿产背景图
- 西北地区重要矿业活动分布图 ······················· 12
- 西北地区Ⅲ级成矿区（带）划分图 ·················· 13
- 西北地区侵入岩、火山熔岩、蛇绿混杂岩、杂岩分布图 ········ 14

省（自治区）遥感特征图
- 陕西省遥感构造解译图 ······························· 16
- 陕西省遥感组合异常图 ······························· 17
- 甘肃省遥感构造解译图 ······························· 18
- 甘肃省遥感组合异常图 ······························· 19
- 青海省遥感构造解译图 ······························· 20
- 青海省遥感组合异常图 ······························· 21
- 宁夏回族自治区遥感构造解译图 ···················· 22
- 宁夏回族自治区遥感组合异常图 ···················· 23
- 新疆维吾尔自治区遥感构造解译图 ·················· 24
- 新疆维吾尔自治区遥感组合异常图 ·················· 25
- 省（自治区）遥感特征图说明 ······················· 26

预测工作区、典型矿床遥感剖析图
- 新疆维吾尔自治区喀喇昆仑萨岔口—火烧云一带铅锌矿遥感找矿预测 ········ 28
- 青海省东昆仑东-西大滩金矿床高光谱遥感 ········ 29
- 青海省东昆仑五十八大沟韧性剪切带金矿床高光谱遥感 ········ 30
- 甘肃省镜铁山镜铁山式沉积变质型铁矿预测工作区遥感特征 ········ 31
- 甘肃省红石山-狼娃山狼娃山式海相火山岩型铁矿预测工作区 ········ 32
- 甘肃省双尖山-狼娃山金窝子式侵入岩型金矿预测工作区 ········ 33
- 甘肃省大水大水式破碎-蚀变岩型金矿预测工作区 ········ 34
- 甘肃省公婆泉公婆泉式斑岩型铜矿预测工作区 ········ 35
- 甘肃省黑山黑山式侵入型镍铜硫化物矿预测工作区 ········ 36
- 甘肃省红尖兵山红尖兵山式花岗岩石英脉型钨矿预测工作区 ········ 37
- 甘肃省苏干湖小苏干湖式盐湖沉积型钾矿预测工作区 ········ 38
- 甘肃省肃北县马鬃山大红山式沉积改造型锰矿预测工作区 ········ 39
- 青海省柴达木盆地西台吉乃尔钾锂硼矿床 ········ 40
- 青海省磁铁山-智玉五龙沟式破碎-蚀变岩型金矿预测工作区 ········ 41
- 青海省夏日哈木镍钴（铜）矿区 ········ 42
- 新疆维吾尔自治区乌什县苏盖特布拉克海相沉积型磷块岩矿床 ········ 43
- 新疆维吾尔自治区尉犁县且干布拉克岩浆岩型磷灰石矿床 ········ 44
- 新疆维吾尔自治区哈密市红星山碳酸盐岩-细碎屑岩型铅锌矿床 ········ 45
- 新疆维吾尔自治区柳树沟海相火山岩型铜矿预测工作区 ········ 46
- 新疆维吾尔自治区彩华沟海相火山岩型铜矿预测工作区 ········ 47
- 新疆维吾尔自治区多拉纳萨依破碎蚀变岩型金矿预测工作区 ········ 48
- 新疆维吾尔自治区双峰山-苇子峡破碎蚀变岩型金矿预测工作区 ········ 49
- 新疆维吾尔自治区索尔巴斯陶一带索尔巴斯陶式火山热液石英脉型金矿（伴生银）预测工作区 ········ 50
- 新疆维吾尔自治区兴地基性—超基性岩铜镍矿预测工作区 ········ 51
- 新疆维吾尔自治区马庄山陆相火山岩型金矿预测工作区 ········ 52
- 新疆维吾尔自治区康古尔-天目破碎蚀变岩型金矿预测工作区 ········ 53
- 陕西省旬阳县赵湾-南沙沟泗人沟式细碎屑岩型铅锌矿预测工作区 ········ 54
- 陕西省凤县-太白-周至铅硐山式碳酸盐岩-细碎屑岩型铅锌矿预测工作区 ········ 55
- 陕西省西乡-镇巴关坪式沉积型铝土矿预测工作区 ········ 56

地理底图图例

⊙	省级行政中心	▬▬▬	国界
◎	地级行政中心	—·—·—	省级界
○	县(市、区)行政中心	— — —	未定省界
各拉丹冬峰 ▲ 6621	山峰及高程	– – – –	地级界
唐古拉山	山脉	〰️	常年河及湖泊

序图

西北地区影像图

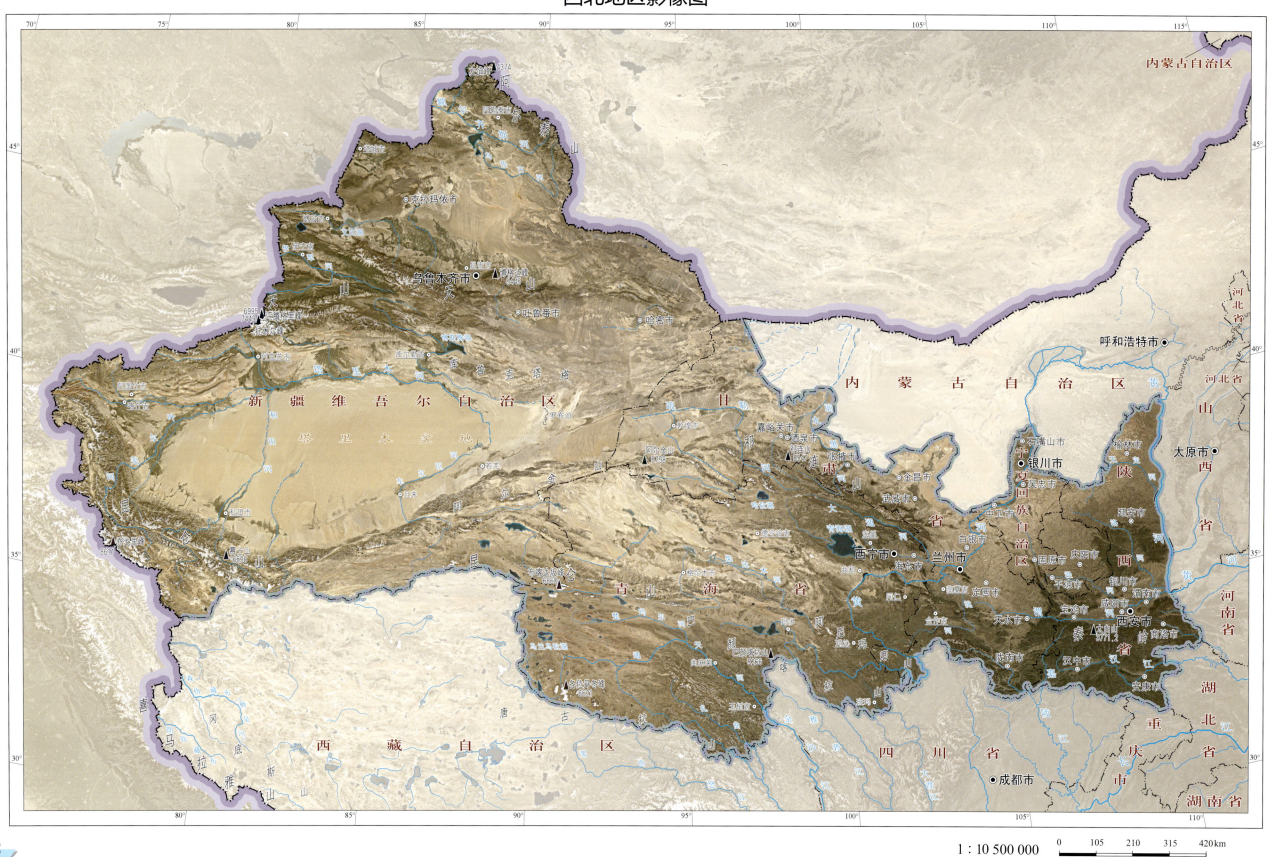

西北地区遥感构造解译图

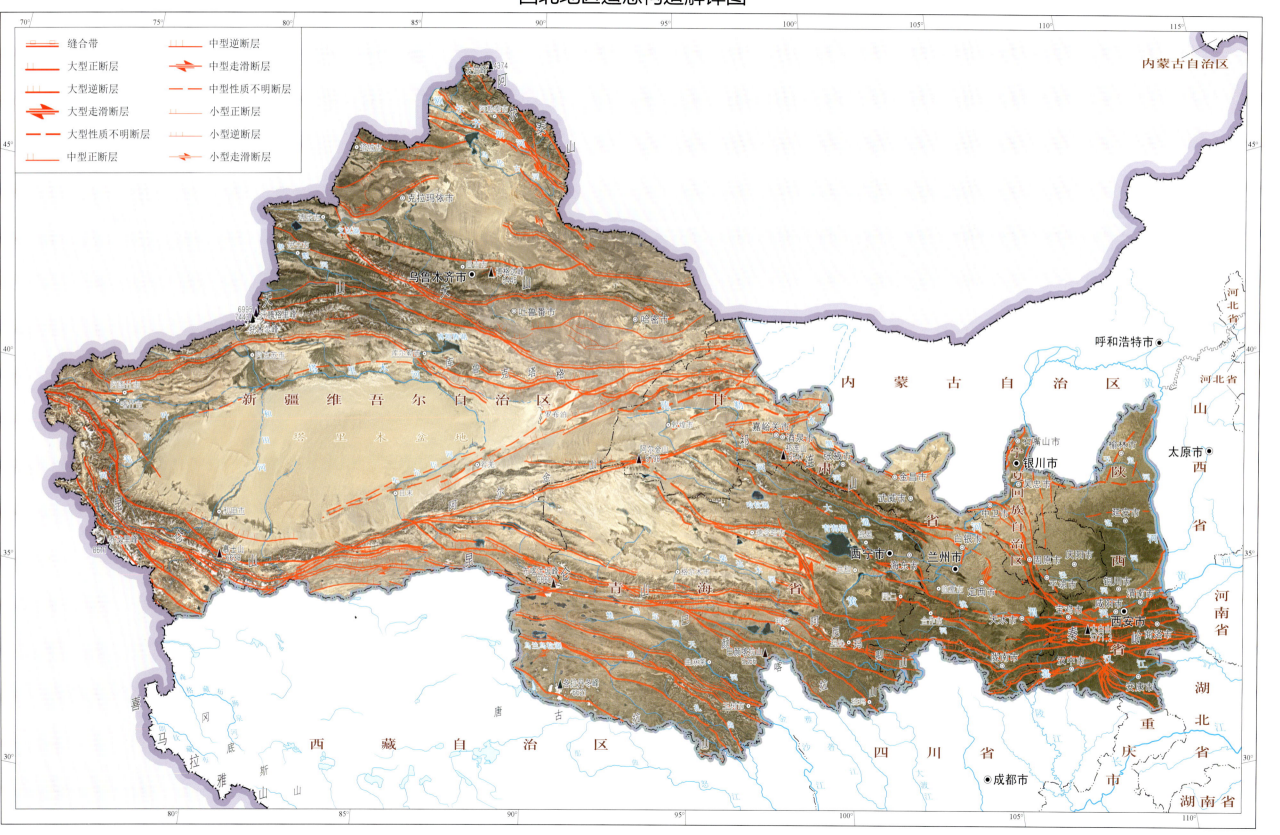

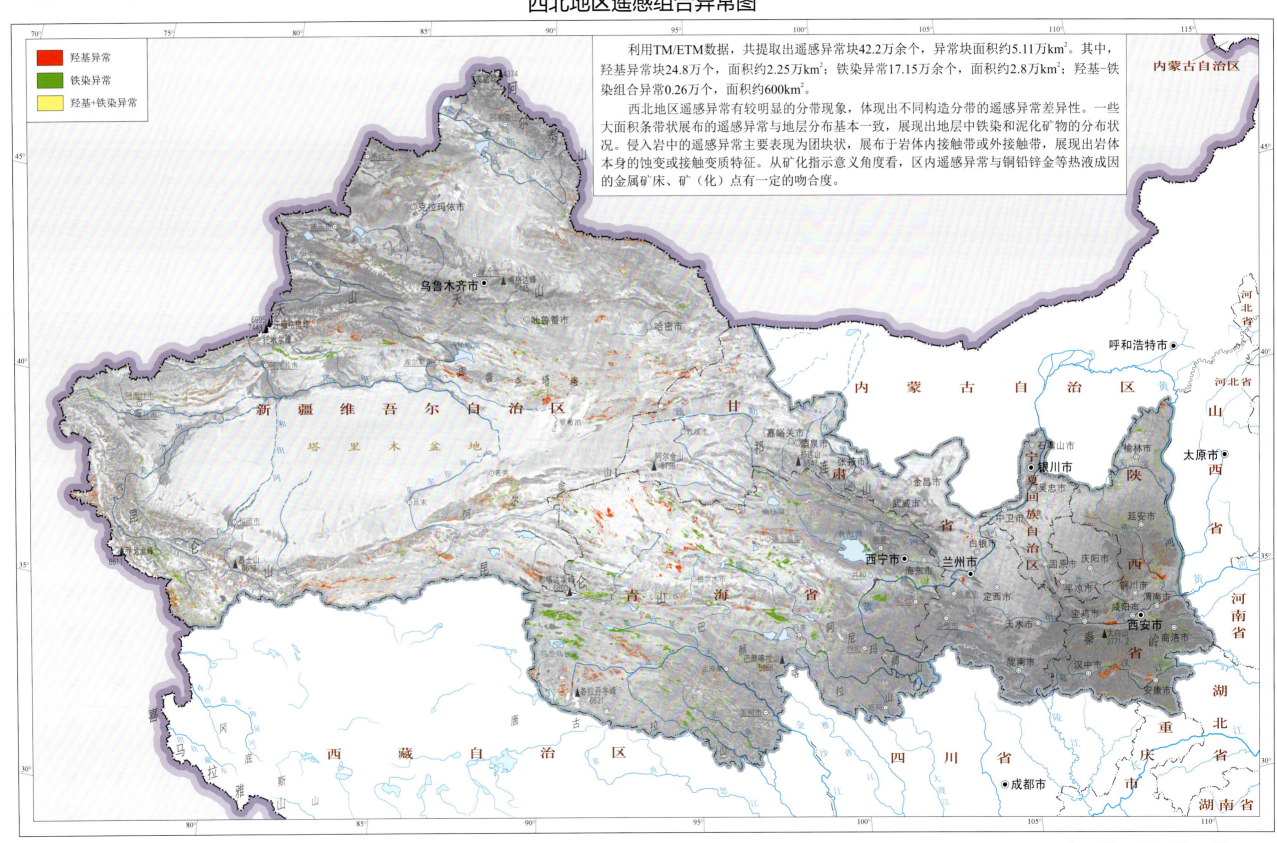

遥感景观条件图

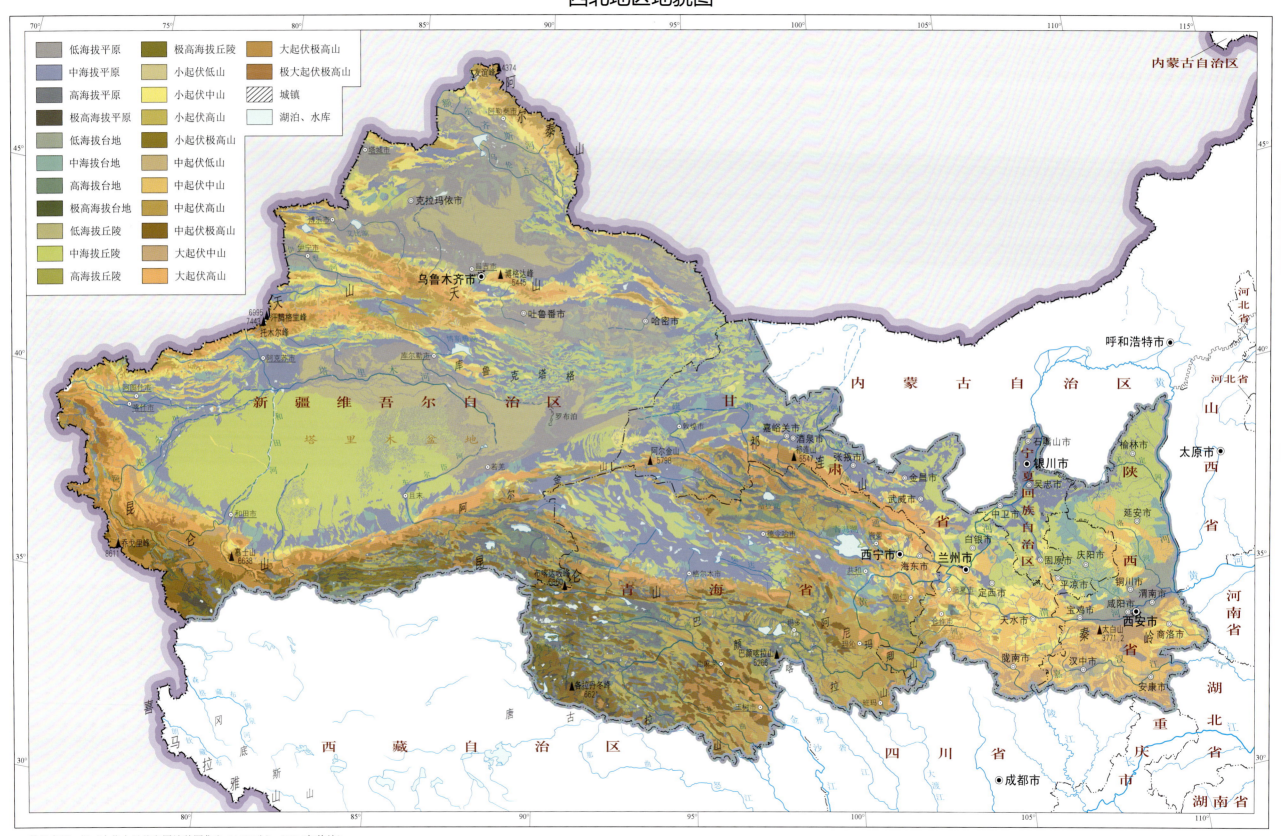

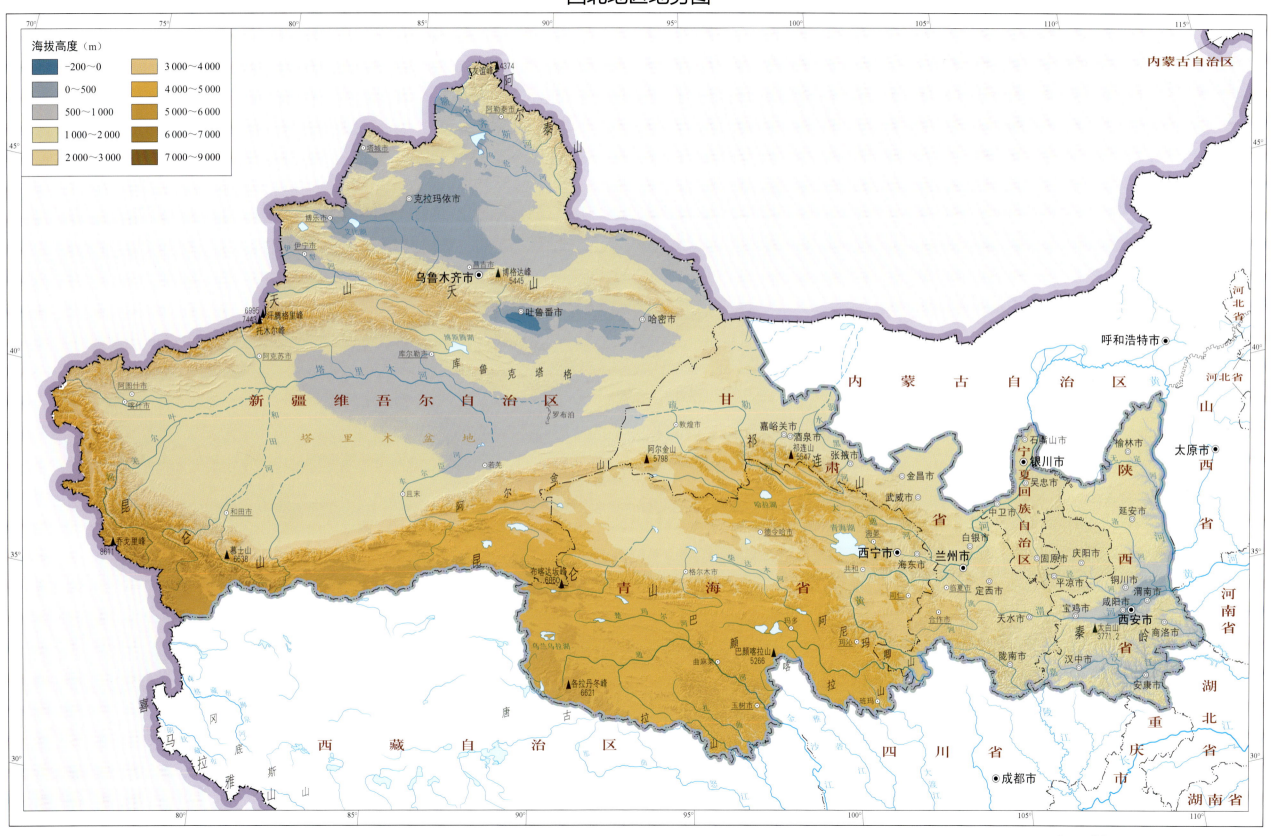

西北地区地势图

西北地区植被指数图

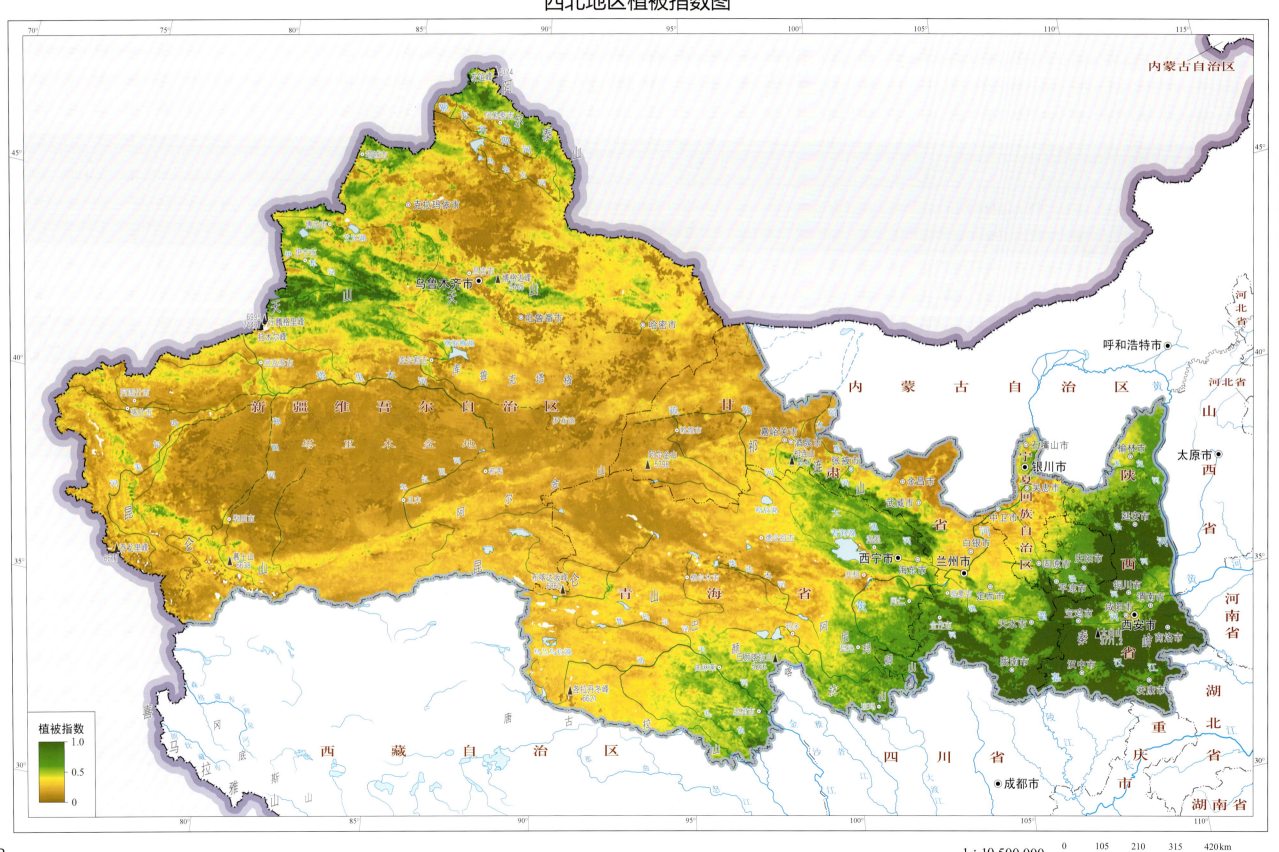

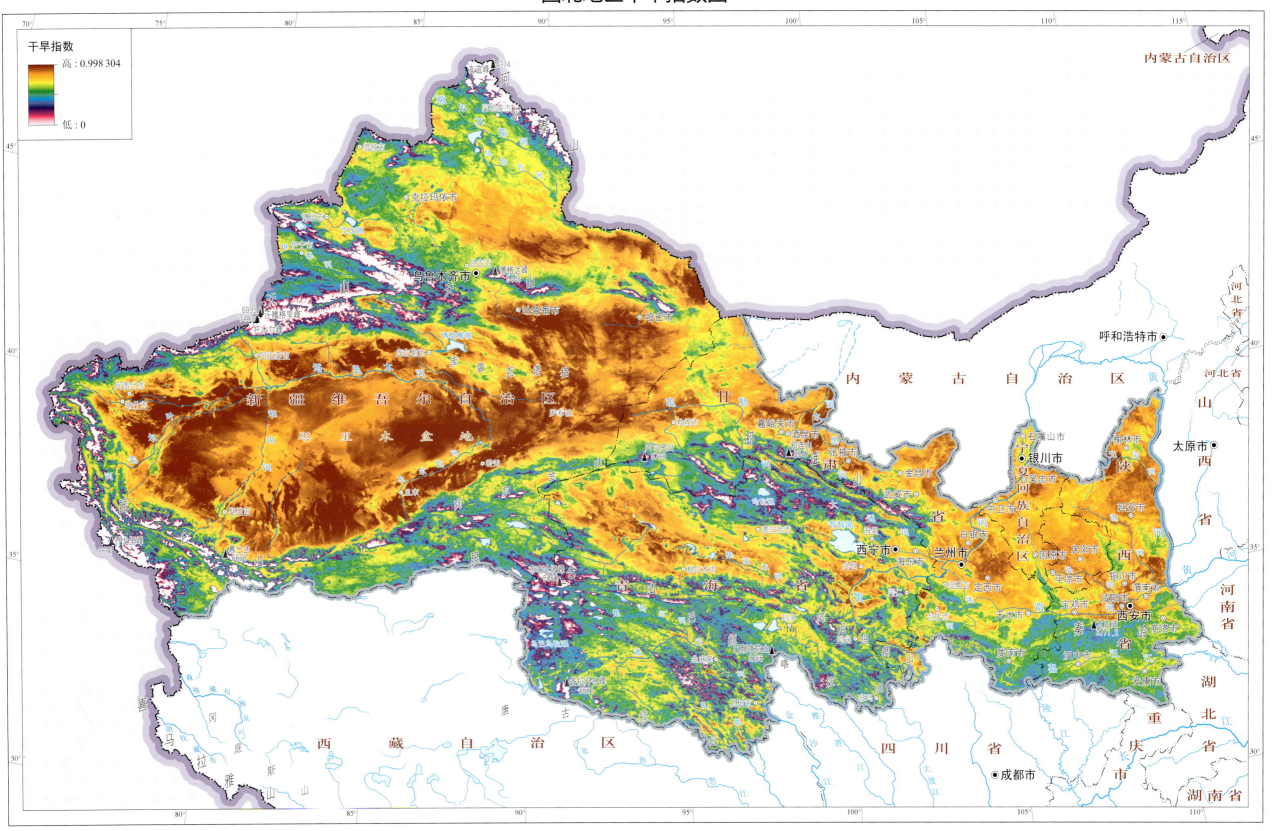

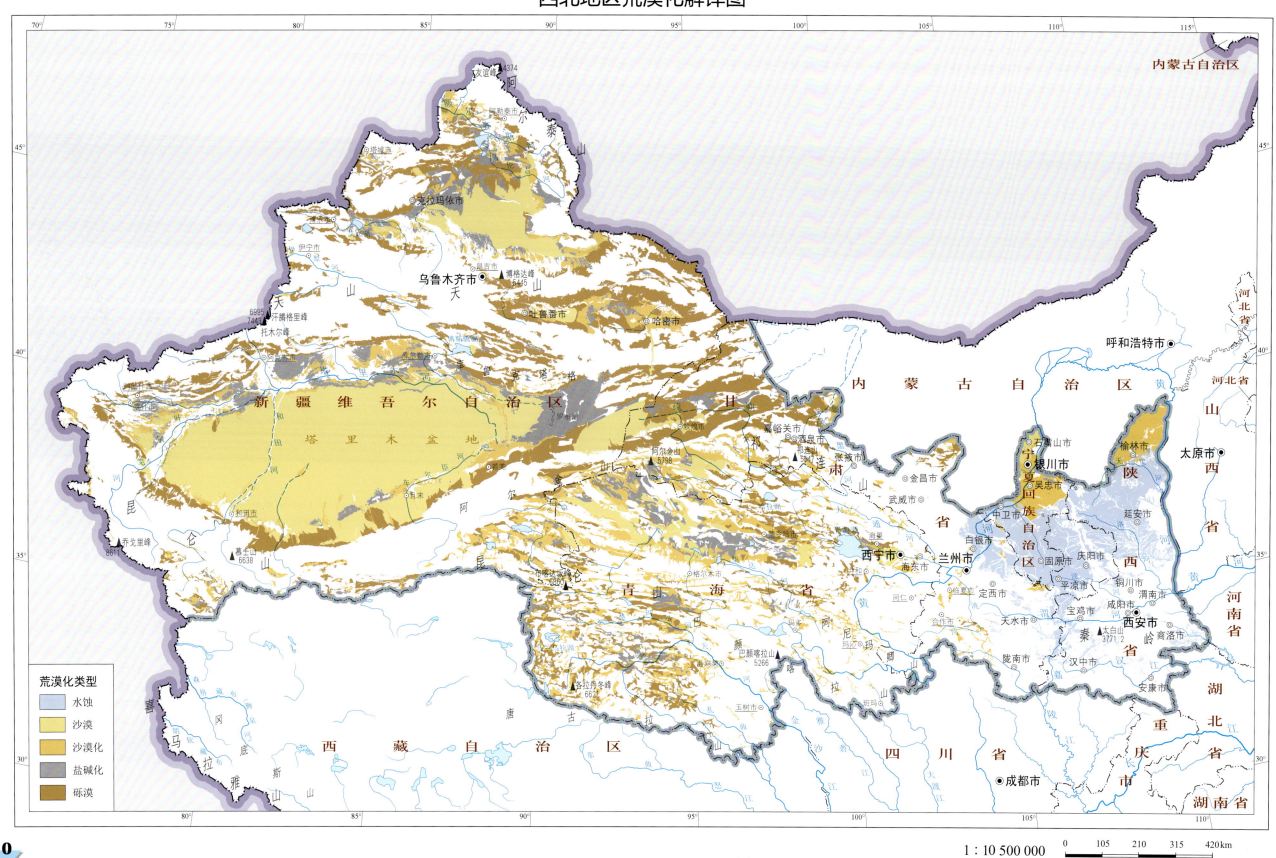

西北地区荒漠化解译图

遥感地质矿产背景图

西北地区重要矿业活动分布图

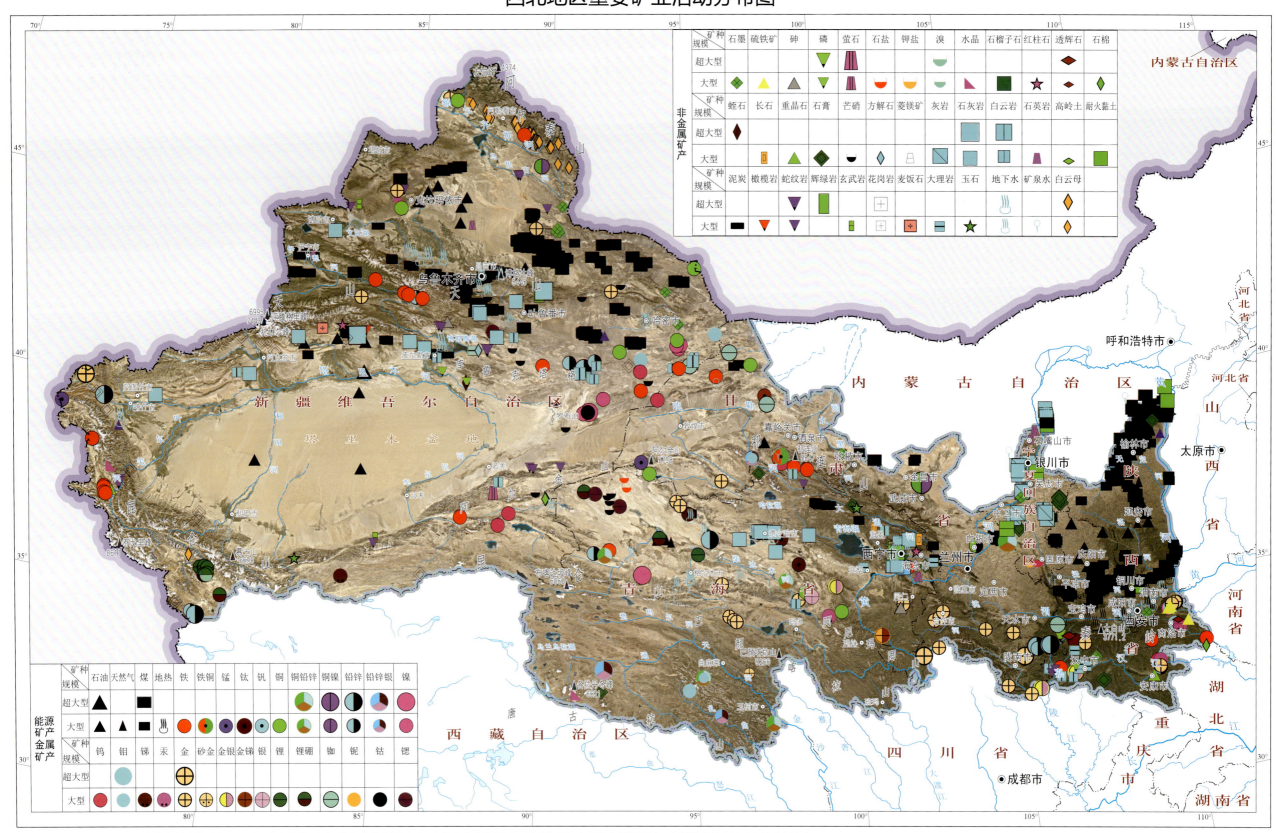

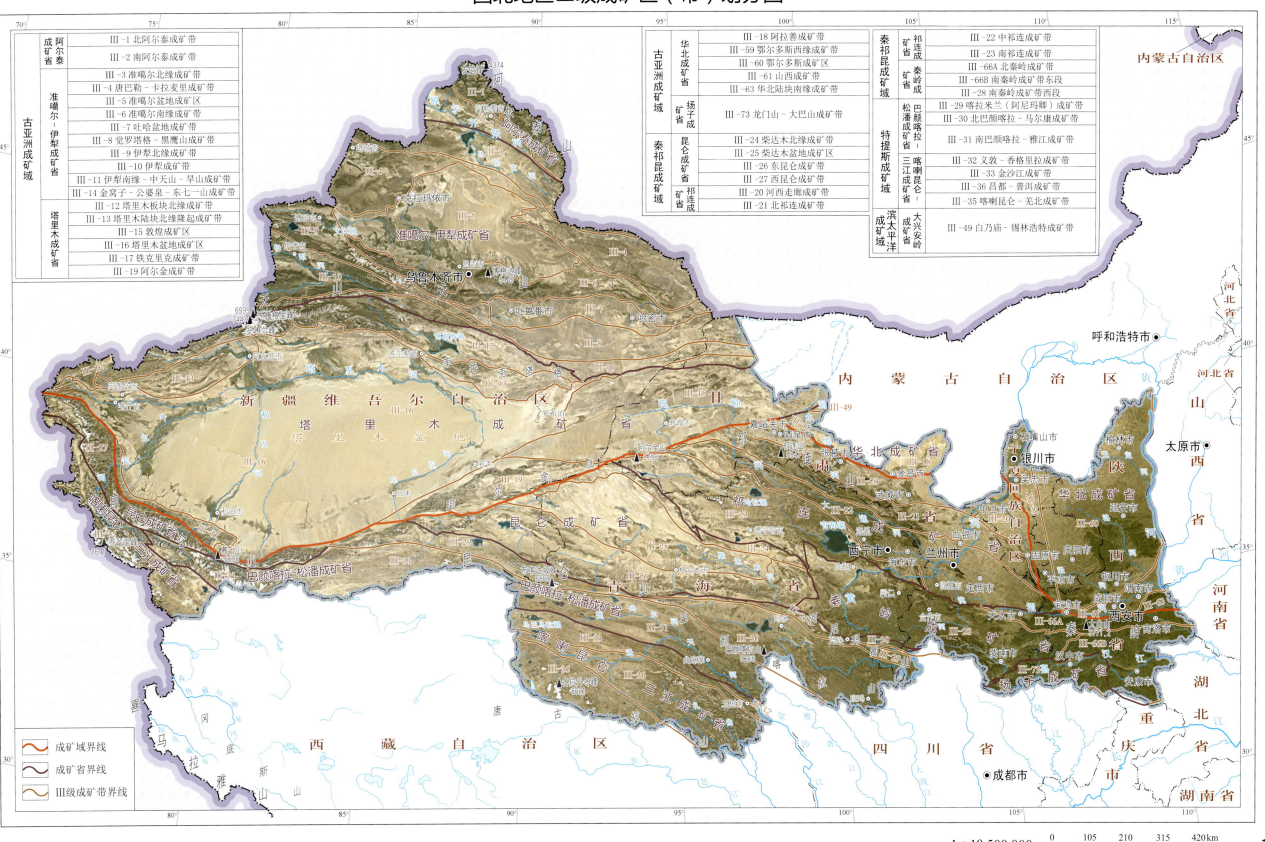

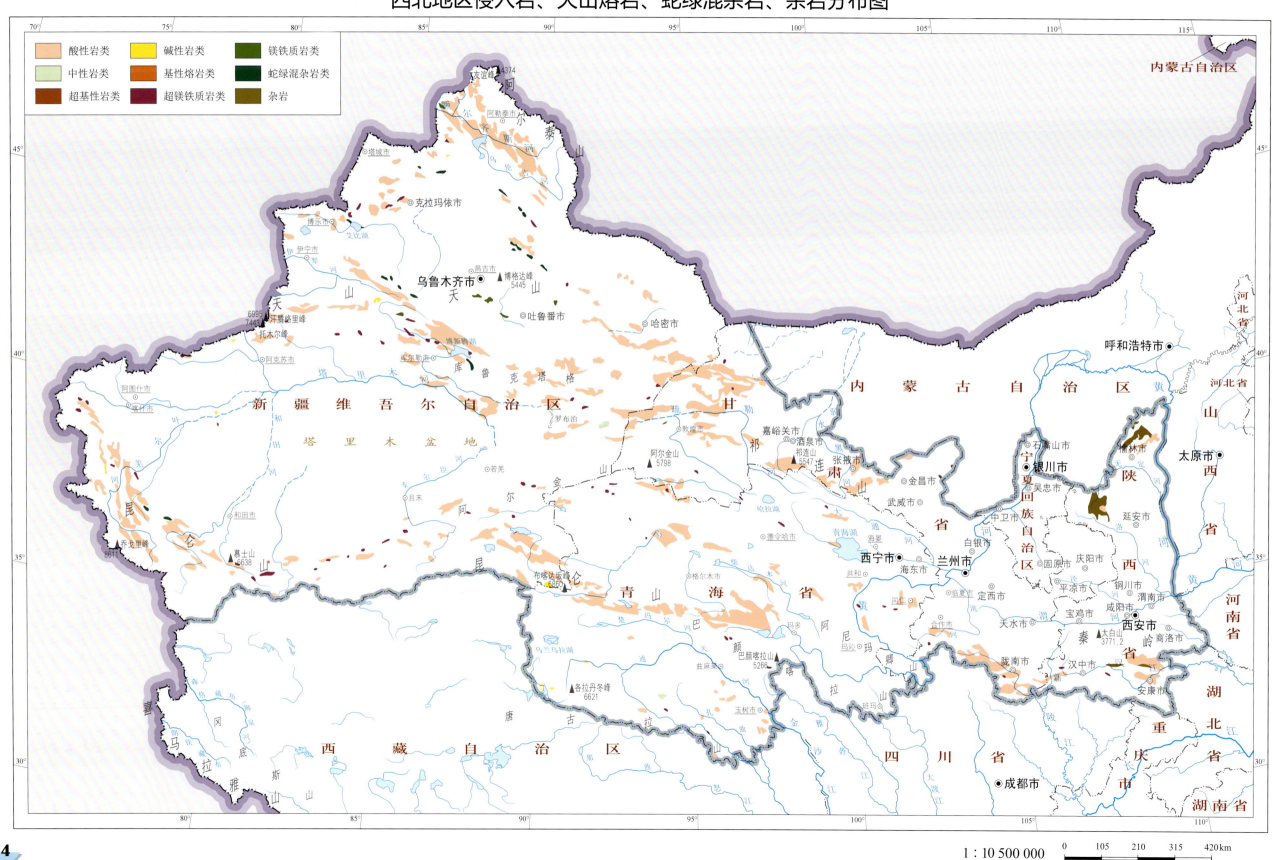

西北地区侵入岩、火山熔岩、蛇绿混杂岩、杂岩分布图

省（自治区）遥感特征图

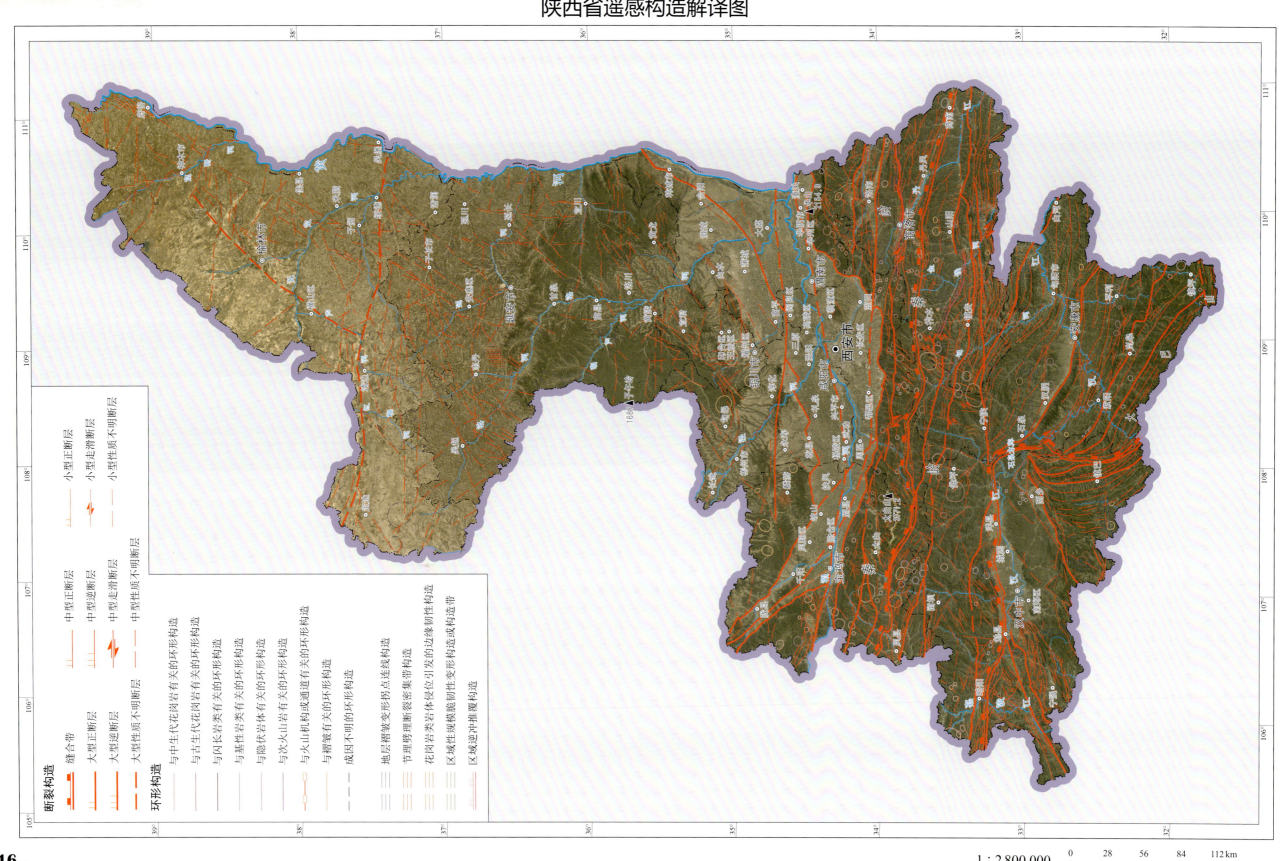

陕西省遥感构造解译图

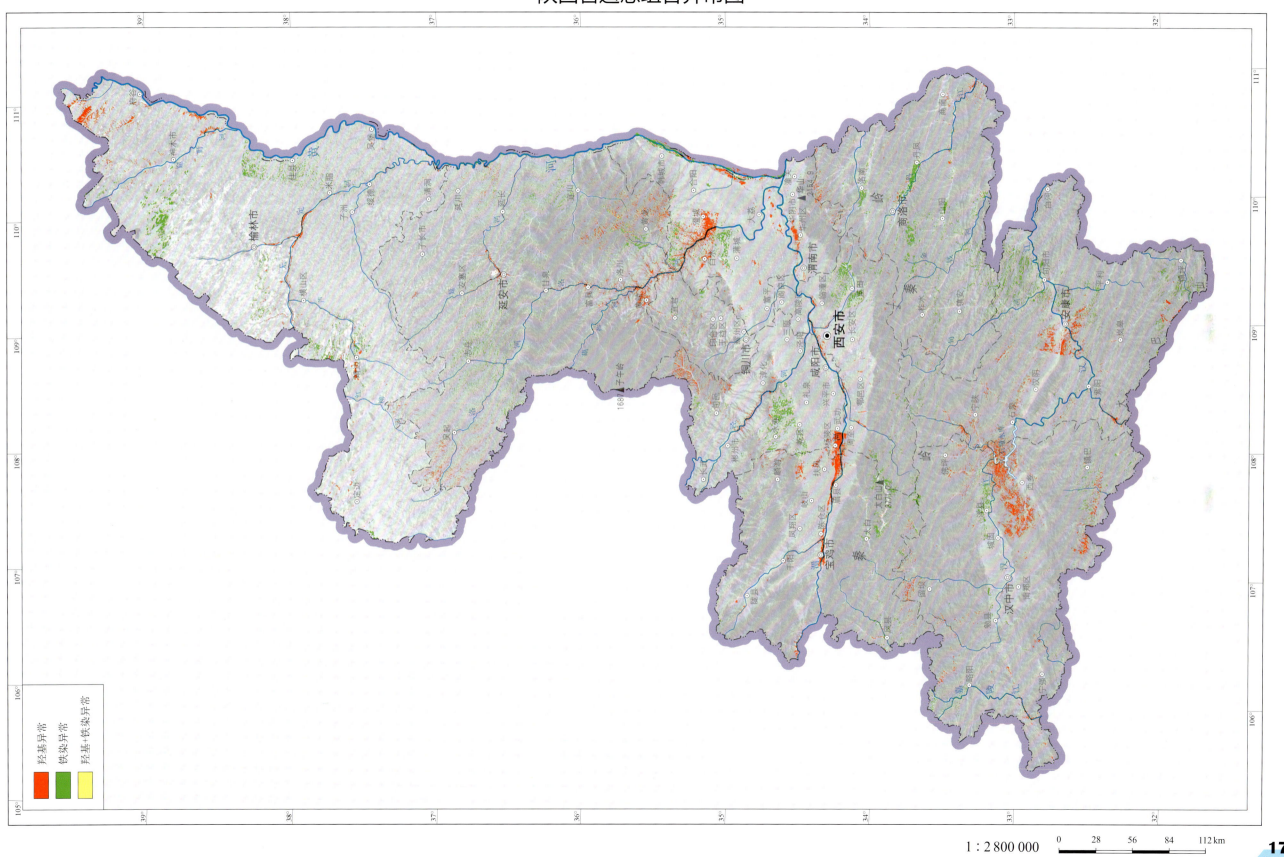
陕西省遥感组合异常图

甘肃省遥感构造解译图

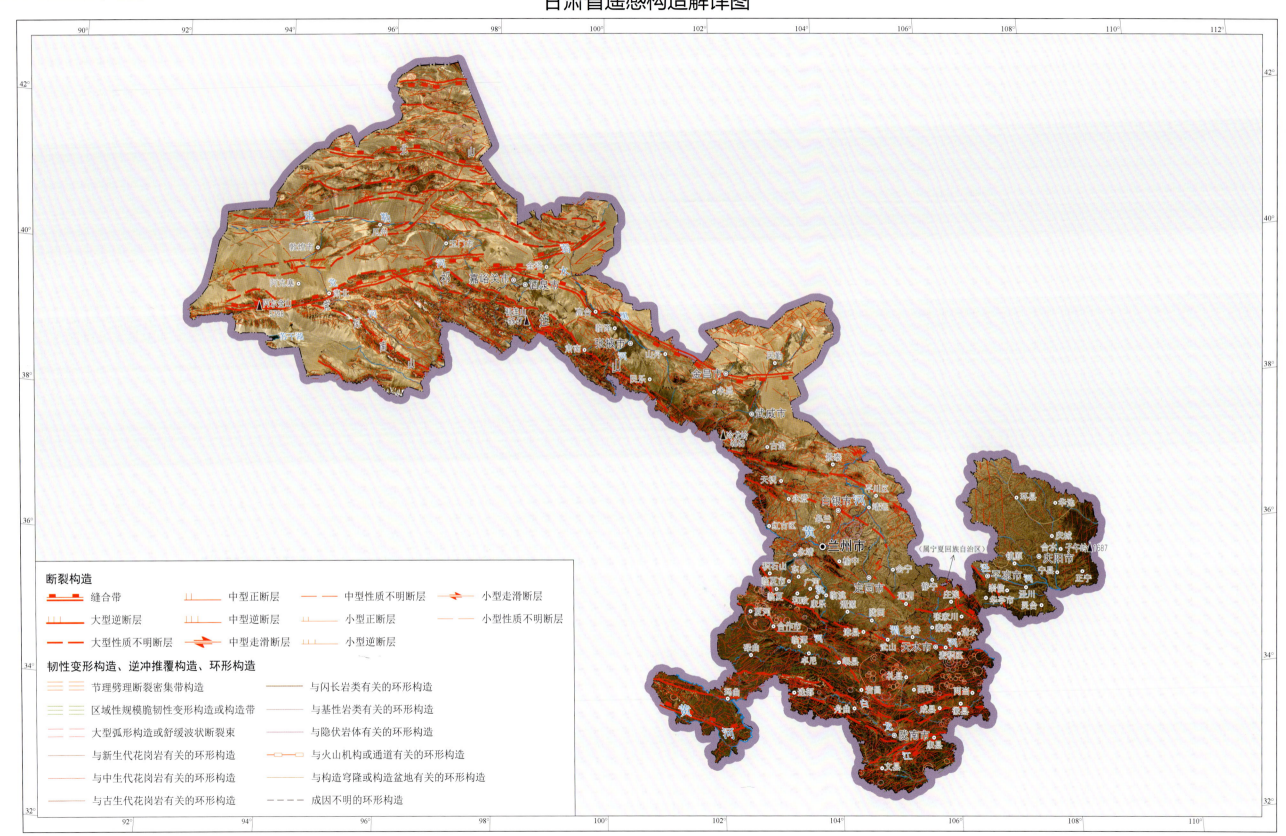

甘肃省遥感组合异常图

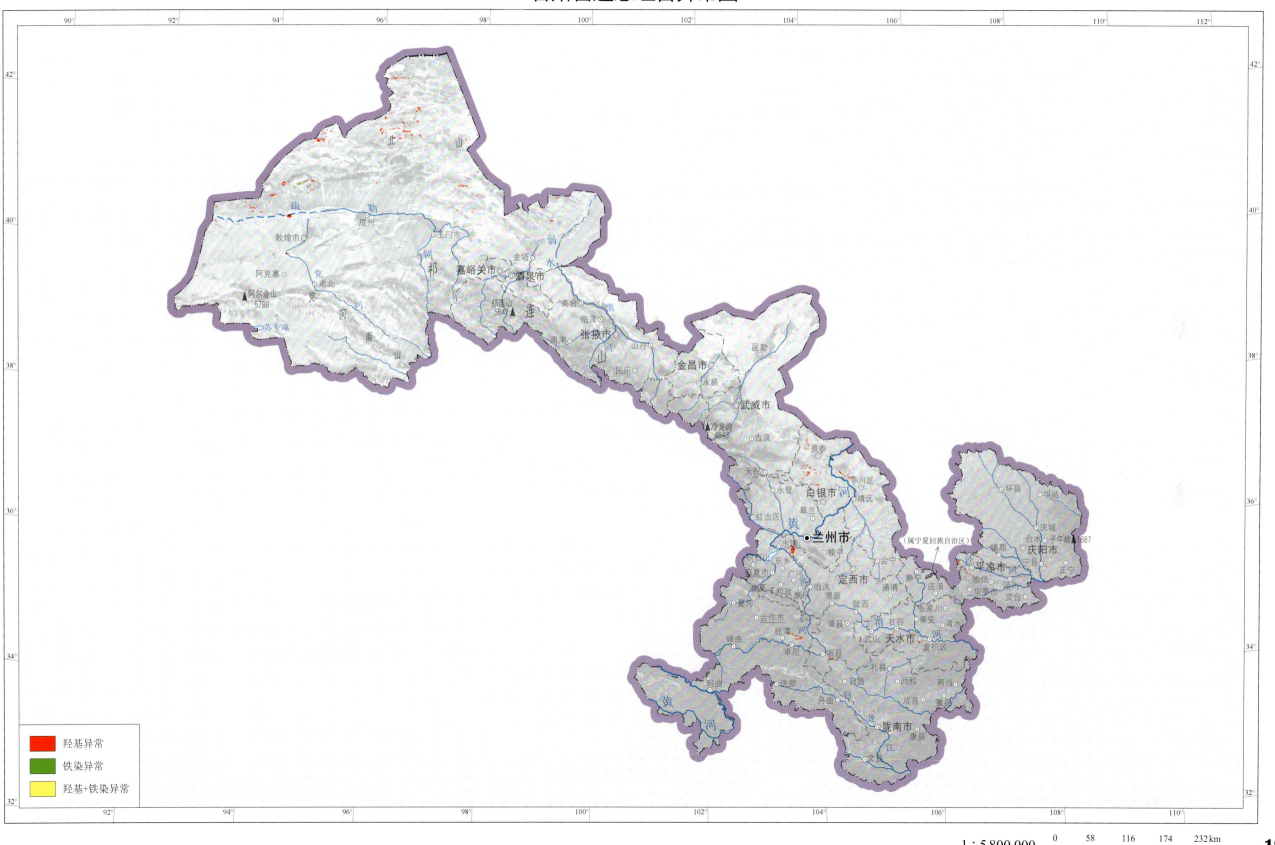

青海省遥感构造解译图

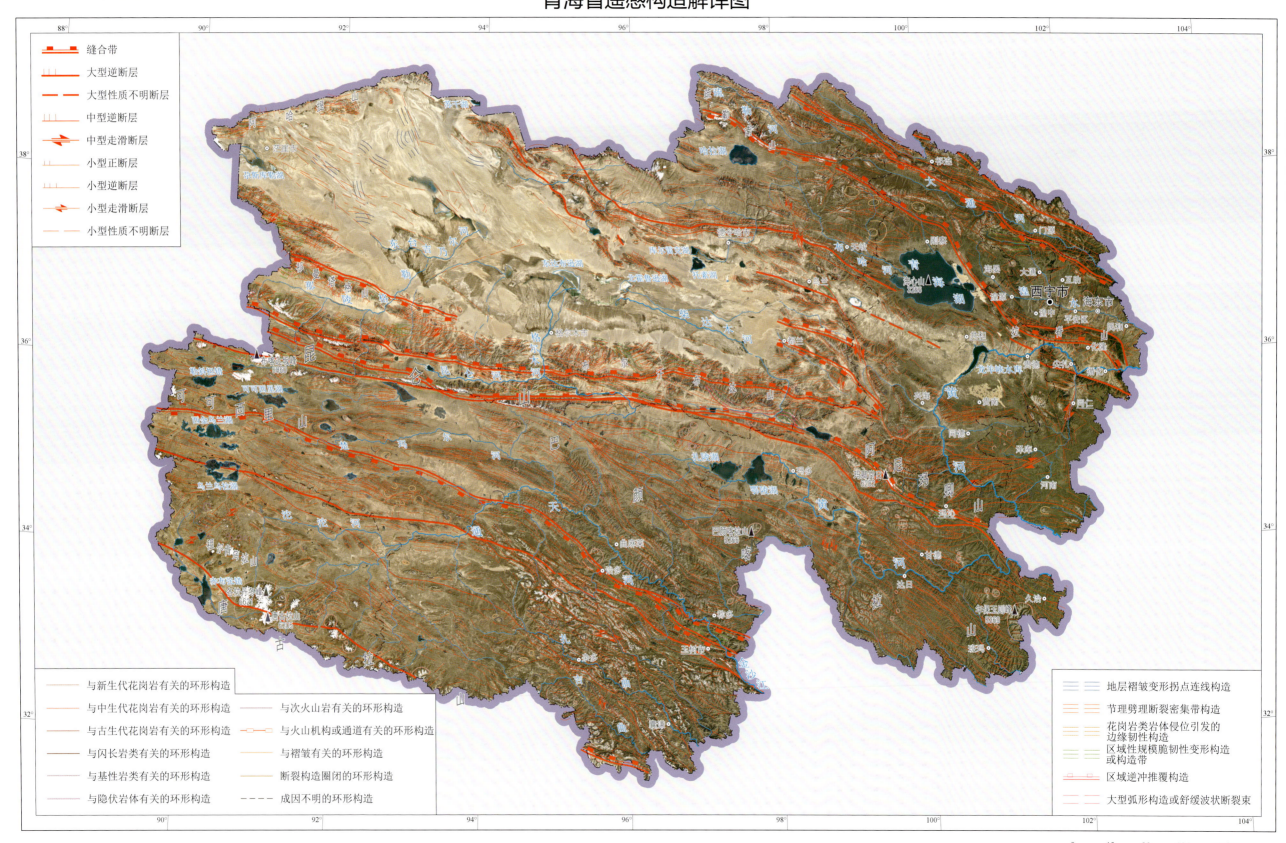

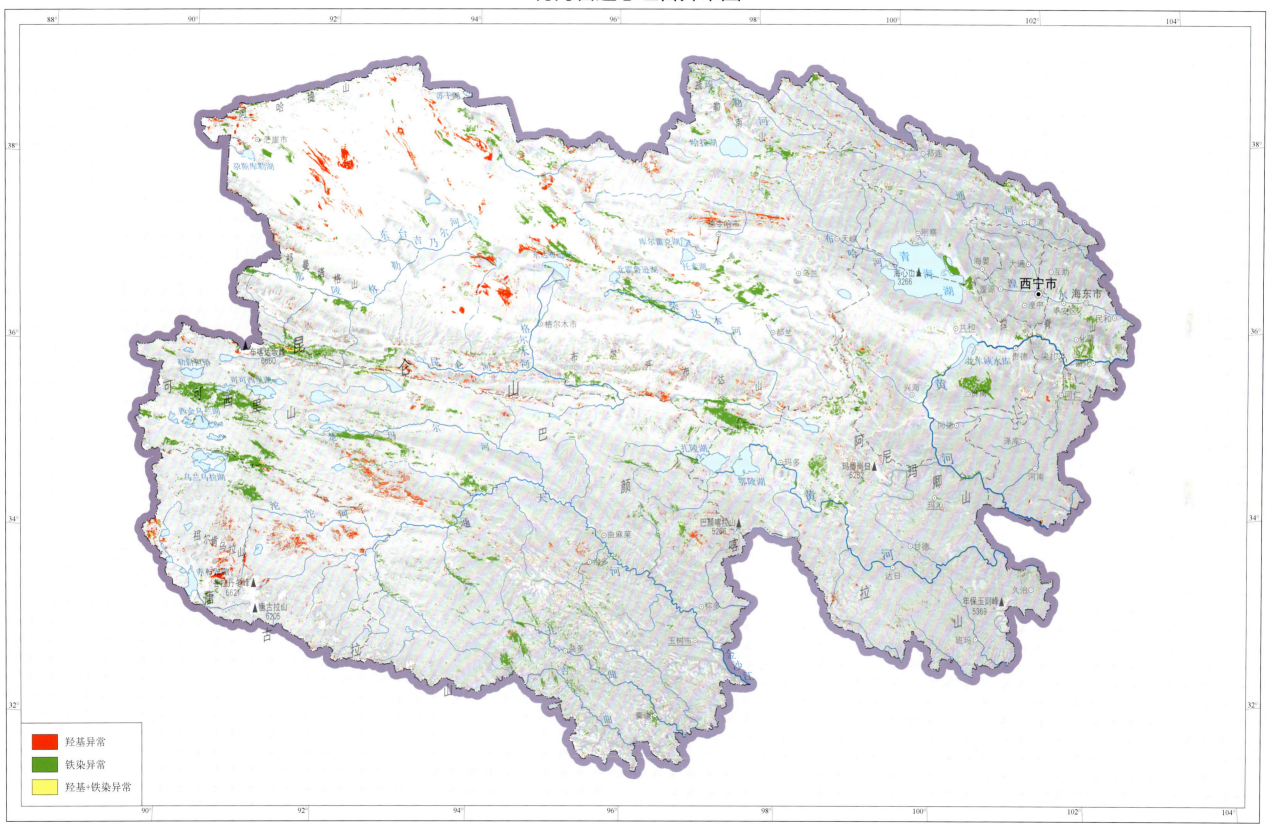

青海省遥感组合异常图

宁夏回族自治区遥感构造解译图

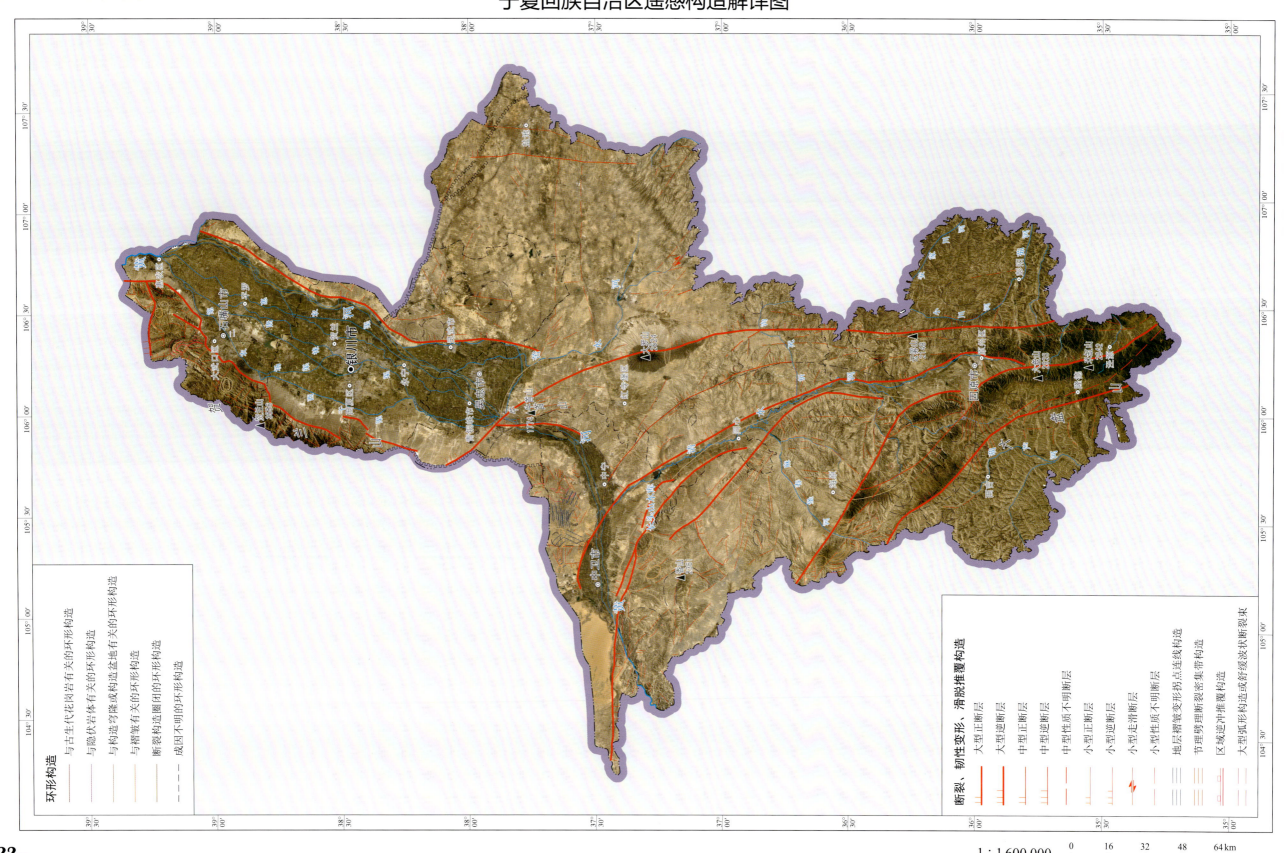

宁夏回族自治区遥感组合异常图

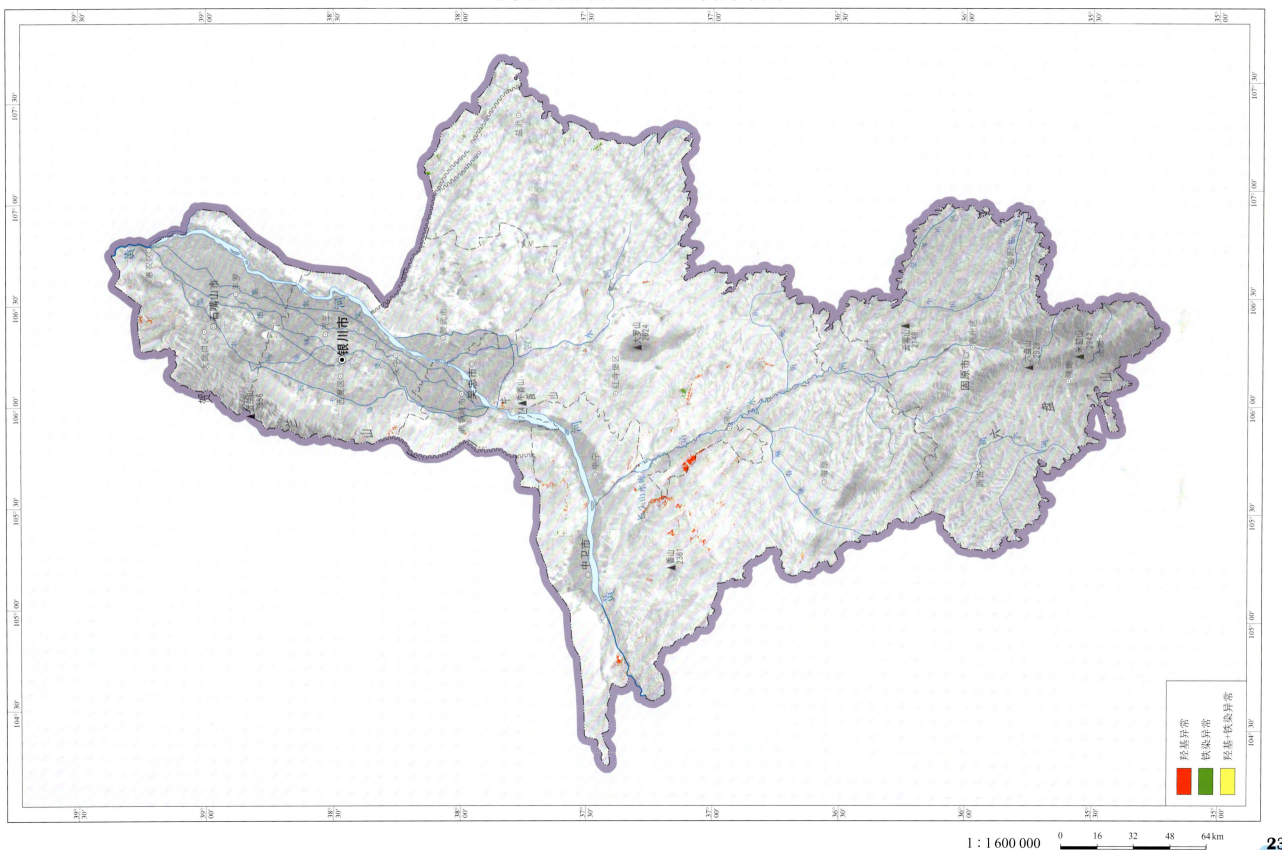

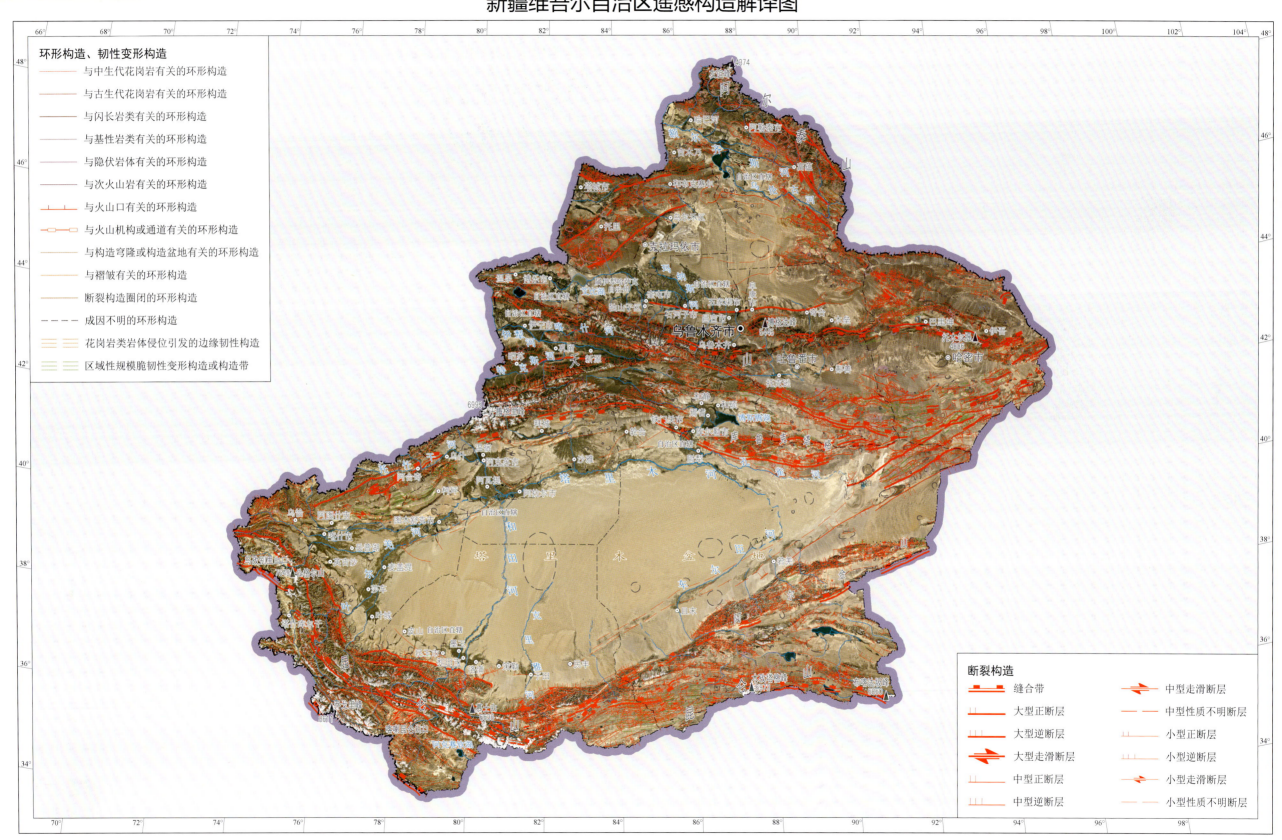

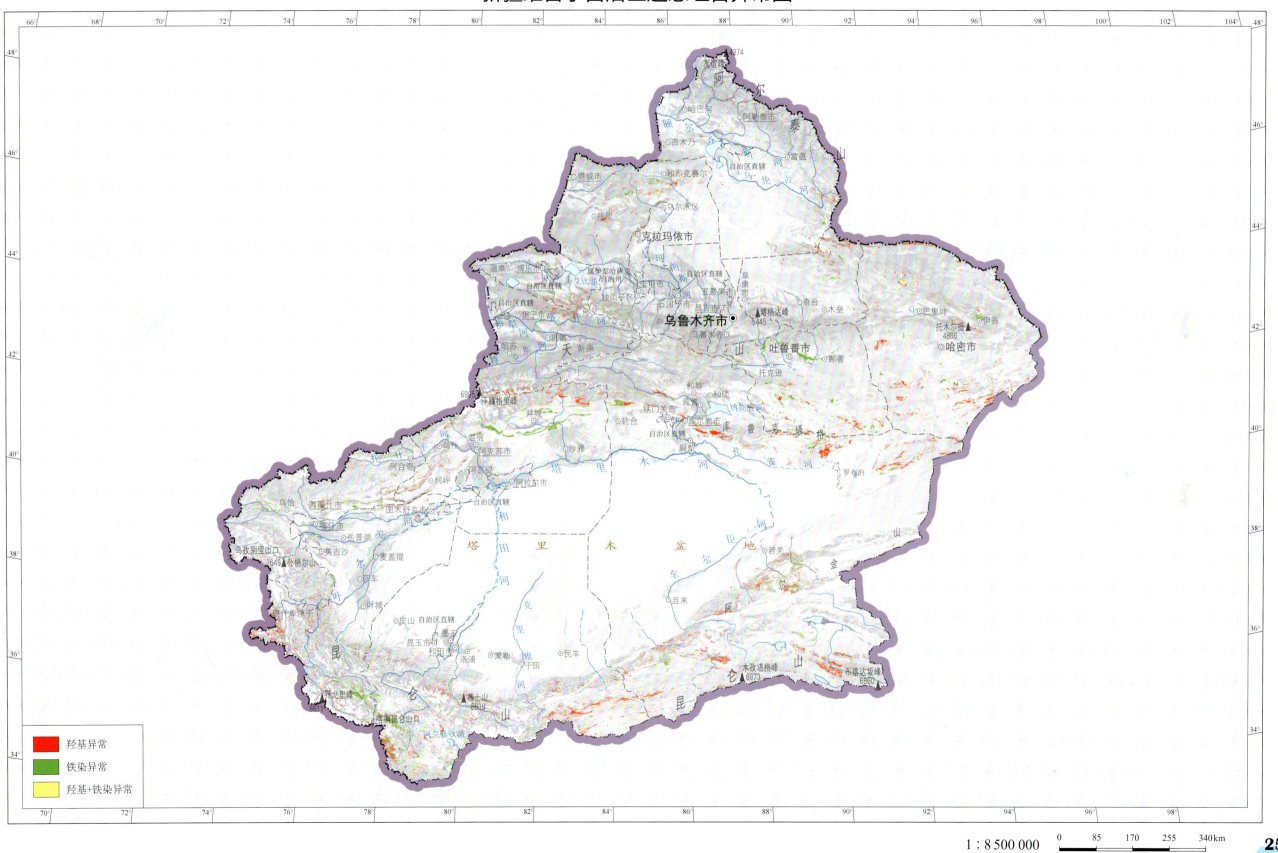

省（自治区）遥感特征图说明

　　西北地区景观独特，地势上处于中国第一、第二阶梯，其自然地理特征是高大山系与巨型盆地相间，沙漠、戈壁、黄土广布。东部地区以高原为主，西部地区则以盆山间列为特征。

　　除东东南部少数地区为温带季风气候外，其他的大部分地区为温带大陆性气候和高寒气候。总体呈现出干旱、半干旱气候特征，发育广阔的内陆流域和大面积荒漠。东南部地区植被盖度高，基岩零星出露；其余大部分地区则发育零星植被，基岩裸露条件好。

　　西部及北部大部分地区影像呈灰—棕灰色，显示植被稀少，地表裸露。影像纹理粗、硬且清晰，图案多不规则，以条带状或片状为主，阴影深、重。说明该区地物差异明显，界线清晰，从影像上可以清楚辨别线状、环状、块状地质体或地质现象，岩石地层及地质构造特征在遥感影像上的可解译程度较高。

　　东南部的秦巴山脉影像上总体呈绿色，显示植被较发育。影像影纹细密、较硬、较清晰；图案较规则，呈条带状或片状；阴影多、深且重。说明该区地表破碎，水系发育，高差起伏较大，地表裸露条件差。因此对岩石地层遥感解译造成一定的干扰，但对地质构造的解译仍然能够发挥重要的作用。

　　东北部的鄂尔多斯盆地，总体呈现斑杂的浅灰、灰白、灰绿、浅紫及棕黄色调，色块差异明显。影像影纹粗糙、柔和而模糊；图案多不规则，呈明显的带状、片状或团块状；南部阴影多且较深，北部大多数地方无阴影。说明该区第四系覆盖严重、岩石地层边界不清晰，由于色块差异大，对于推断解译地质构造有一定的指示意义。

　　西北五省（自治区）因地处不同景观及大地构造环境中，表现出了各具特色的遥感特征。各省（自治区）依据不同的遥感地质特征，完成了以"线、环、带、块、色"五要素为主的1∶25万的遥感矿产地质特征解译，以Landsat TM/ETM景为单位，提取了铁染和羟基异常信息，在此基础上编制了省（自治区）1∶50万遥感构造解译图和1∶50万遥感组合异常图。整体展现了各省（自治区）中—新生代以来的构造格架和蚀变异常展布特征，为区域性遥感地质规律总结和成矿背景条件分析奠定了基础。

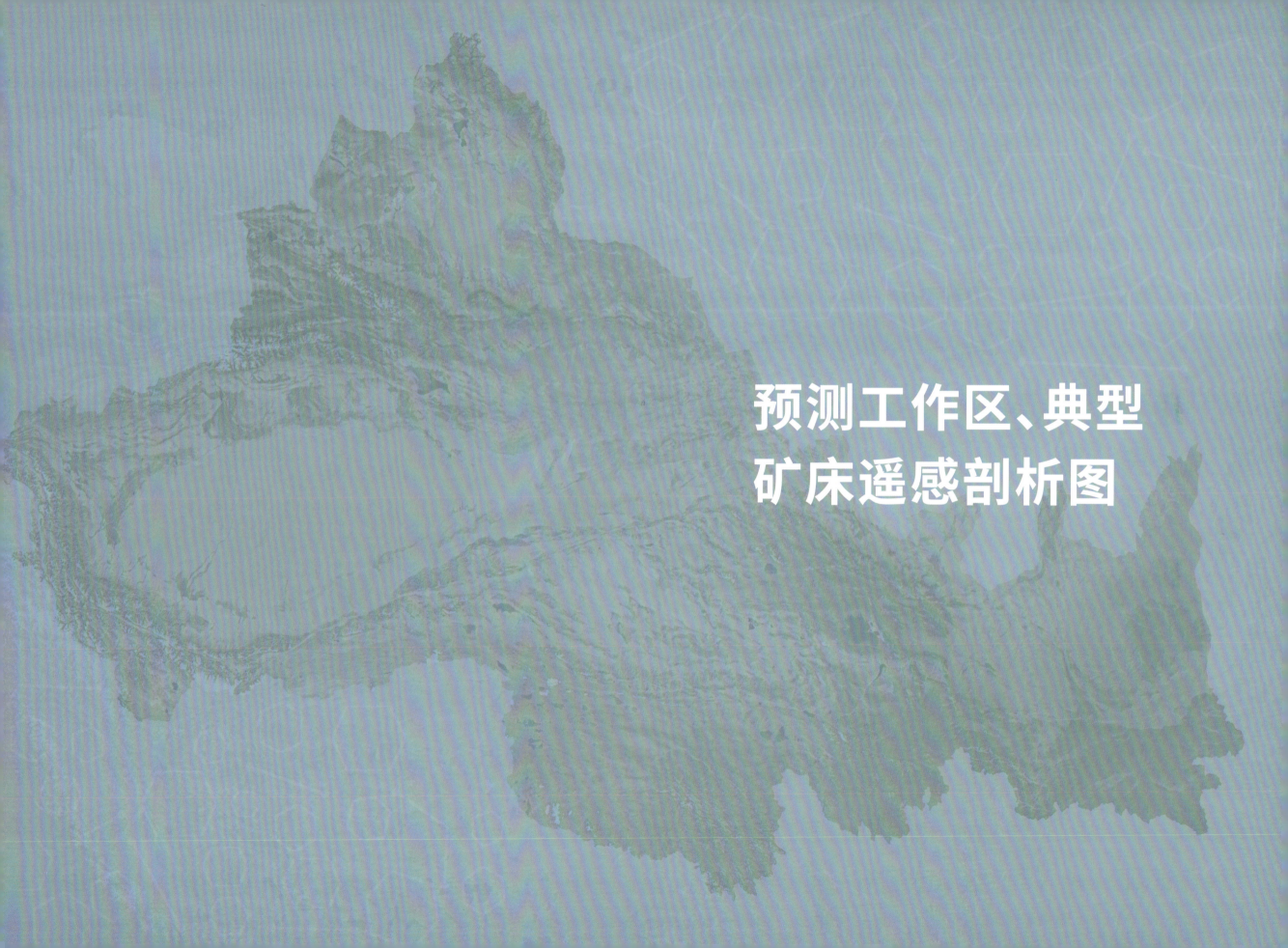

预测工作区、典型矿床遥感剖析图

新疆维吾尔自治区喀喇昆仑萨岔口—火烧云一带铅锌矿遥感找矿预测

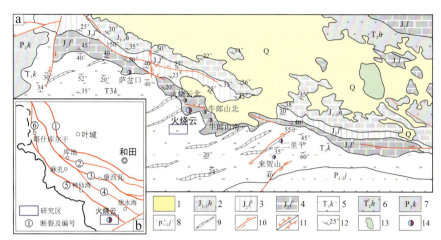

图28-1 萨岔口-火烧云地区地质矿产图

图a:1.第四系；2.红其拉甫组；3.龙山组灰岩段；4.龙山组砾岩；5.克勒青河组；6.河尾滩组；7.空喀山口组；8.加温达坂组；9.大理岩脉；10.平移断层；11.正/逆断层；12.地层产状；13.湖泊；14.铅锌矿
图b:①柯岗断裂带；②库地构造混杂岩带；③康西瓦构造混杂岩带；④郭扎错缝合带；⑤乔尔天山断裂带

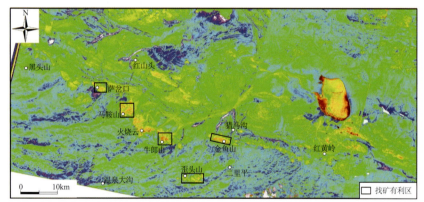

图28-2 萨岔口-火烧云一带ASTER异常分布图

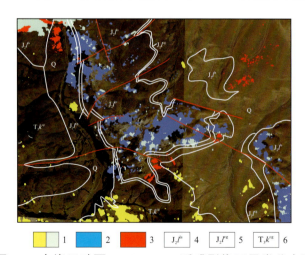

图28-3 火烧云矿区WorldView-2遥感影像及异常分布图

1.铝羟基；2.方解石；3.铁染；4.龙山组灰岩段；5.龙山组砾岩；6.克勒青河组砂砾岩

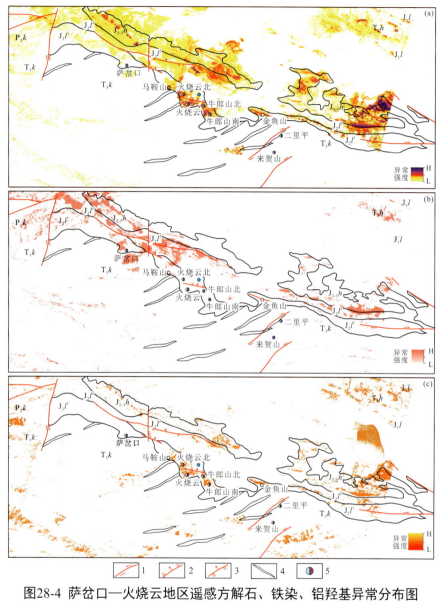

图28-4 萨岔口—火烧云地区遥感方解石、铁染、铝羟基异常分布图

1.平移断层； 2.正断层； 3.逆断层； 4.大理岩； 5.铅锌矿； a.方解石异常； b.铁染异常； c.铝羟基异常

萨岔口—火烧云地区找矿有利区一览表

编号	名称	地质特征	遥感异常	遥感影像及异常
I	牛郎山找矿有利区	西为克勒青河组砂岩，东为本区龙山组灰岩、砾岩。赋矿地层断裂构造发育。牛郎山发现一定规模的铅锌矿化转石带，1:2.5万岩屑测量异常好。Pb极大值为11 803×10⁻⁶，Zn极大值为8155×10⁻⁶	Al-OH异常在外，中部强方解石异常	
II	马鞍山找矿有利区	北为克勒青河组砂岩，南为本区龙山组灰岩、砾岩。化探异常位于二者接触部位，断裂条件良好。Pb极大值为850×10⁻⁶，Zn极大值为4934×10⁻⁶，元素浓集中心吻合	中部见强方解石异常，弱Al-OH，外围强铁染异常	
III	萨岔口南找矿有利区	北为龙山组灰岩、砾岩，南为本区克勒青河组砂岩。断裂发育。异常为以Pb、Zn元素为主的综合异常，Pb极大值为216×10⁻⁶，Zn极大值为822×10⁻⁶，元素浓集中心吻合程度较好，异常面积较大	发育强方解石异常，外围见铁染异常，Al-OH异常	
IV	金鱼山找矿有利区	火烧云矿区东延，赋矿围岩龙山组灰岩发育，断裂构造发育，化探异常明显	发育强方解石异常，弱铁染、Al-OH但分带不明显	
V	歪头山找矿有利区	本区位于克勒青河组上部的龙山组残余盆地中，断裂构造发育，查证发现多条铅锌矿体	发育强方解石异常，弱铁染、Al-OH异常	

萨岔口—火烧云一带铅锌矿体主要赋存在龙山组细晶灰岩、碎裂状灰岩中，分布区呈灰黑色色调，方解石异常明显，Al-OH则呈弱异常特征，此为赋矿地层的遥感识别标志。龙山组底部发育有一层紫红色砂砾岩，具强铁染异常、中等方解石异常、弱Al-OH异常，影像上的紫红色色调和较为粗糙的影纹特征易识别，将其作为寻找赋矿灰岩的辅助识别标志，并伴有分带明显的Pb、Zn、As、Sb化探综合异常。

ASTER数据异常提取结果表明，采用多特征匹配滤波方法（MTMF）对该区赋矿灰岩的识别效果好。结合高分辨率遥感解译、异常提取、物化探信息，圈定遥感找矿有利区5处，为牛郎山找矿有利区、马鞍山找矿有利区、萨岔口南找矿有利区、金鱼山找矿有利区、歪头山找矿有利区。利用MTMF方法提取出赋矿围岩异常信息，结合化探异常特征，能够加快该区铅锌找矿的工作步伐。

青海省东昆仑东-西大滩金矿床高光谱遥感

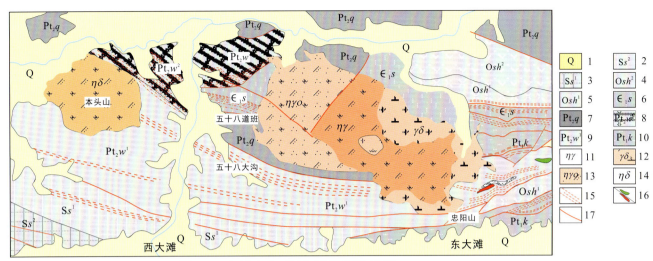

图29-1 东昆仑东-西大滩地区地质图

1.新近系；2.赛什腾组上段；3.赛什腾组下段；4.哈拉巴依沟组上段；5.哈拉巴依沟组下段；6.沙松乌拉组；7.青办食宿站组；8.万宝沟岩群碳酸岩组；9.万宝沟岩群碎屑岩组；10.苦海岩群；11.二长花岗岩；12.花岗闪长岩；13.石英二长花岗岩；14.二长闪长岩；15.韧性剪切带；16.铁铜矿化体；17.断层

图29-3 西大滩地区高光谱蚀变矿物分布图

1.菱铁矿；2.绿帘石；3.白云石；4.中波绢云母；5.短波绢云母；6.绿泥石；7.二长花岗岩；8.赛什腾组；9.韧性剪切带；10.查证点

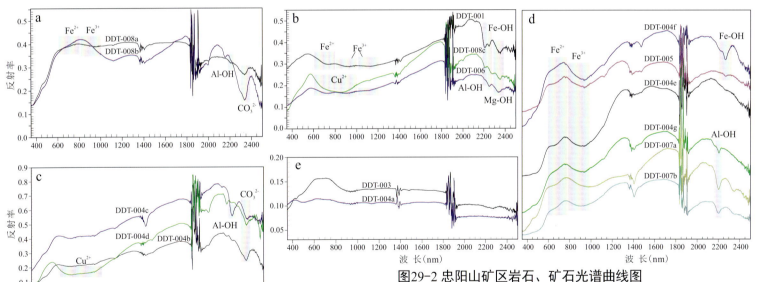

图29-2 忠阳山矿区岩石、矿石光谱曲线图

a.石英千枚岩、黑云绿泥钙质片岩；b.大理岩；c.孔雀石化纹层状大理岩；d.蚀变破碎带

表29-1 东昆仑东-西大滩研究区金矿床高光谱遥感找矿模型

	矿床类型	破碎蚀变带型、韧性剪切带型金矿
矿床特征	控矿构造	近东西向断裂、北西西向韧性剪切带
	矿化蚀变	褐铁矿化、黄铜矿化（孔雀石化）、黄钾铁矾化、硅化
	围岩蚀变	大理岩化、千枚岩化、黄铁-绢英岩化
	矿体形态	脉状、透镜状
	赋矿地层	万宝沟群大理岩段、赛什腾组变粒岩、变砂岩段
遥感蚀变标志	标志性蚀变矿物组合	菱铁矿+中波绢云母+白云石（透闪石），呈带状展布
	围岩蚀变矿物	短、长波绢云母，绿泥石化，绿泥石，绿帘石，方解石，条带状纹理

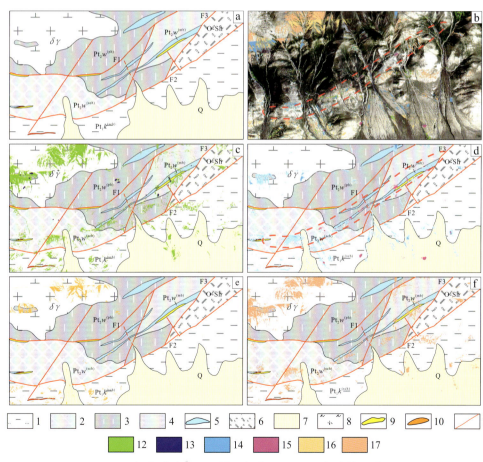

图29-4 东大滩忠阳山铁铜矿地质图及蚀变矿物分布图

1.苦海岩群绢云母石英片岩；2.万宝沟群千枚岩；3.万宝沟群黑云石英片岩、钙质片岩；4.万宝沟群绢云母石英片岩；5.万宝沟群大理岩；6.纳赤台群变砂岩、千枚岩；7.新近系；8.花岗闪长岩；9.构造破碎带；10.铁体；11.断层；12.绿泥石；13.方解石；14.白云石；15.菱铁矿；16.中波绢云母；17.短波绢云母

青海省东昆仑五十八大沟韧性剪切带金矿床高光谱遥感

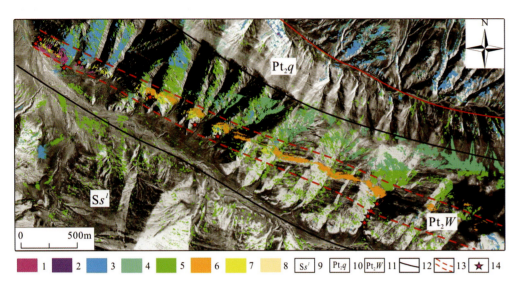

图30-1 五十八大沟地区高光谱蚀变矿物分布图

1.菱铁矿；2.透闪石；3.白云石；4.绿帘石；5.绿泥石；6.中波绢云母；7.长波绢云母；8.短波绢云母；9.赛什腾组；10.青办食宿站组；11.万宝沟群；12.地质界线；13.韧性剪切带；14.查证点

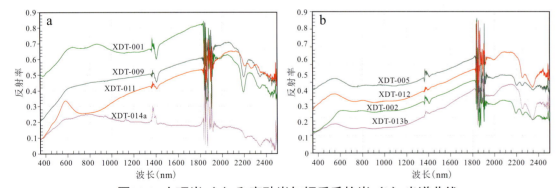

图30-2 大理岩（a）和变砂岩与钙质千枚岩（b）光谱曲线

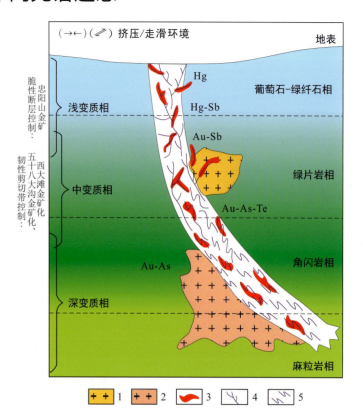

图30-3 五十八大沟脆-韧性剪切带型金矿成矿模式（据Groves et al.,1998修改）

1.花岗岩类；2.片麻岩类；3.矿体；4.脆性断层；5.韧性剪切带

东-西大滩研究区造山型金矿床的标志性蚀变矿物组合为"菱铁矿（褐铁矿+白云岩）+中—高铝绢云母"。韧性剪切带型金矿高光谱遥感找矿标志为：受韧性剪切带控制的，中心部位由带状展布的"菱铁矿+中—高铝绢云母+（角闪石）"标志性蚀变矿物组合构成，外围为绿泥石、绿帘石、白云石、低铝绢云母等面型异常分布的区段。构造破碎带型金矿高光谱遥感找矿标志为：受脆性断层控制的中心部位高光谱异常由菱铁矿+中铝绢云母+白云岩构成的点状、带状异常组合发育，外围以低铝绢云母、绿泥石等面型异常分布的区段。地表找矿标志为黄钾铁矾、黄铁绢英岩化、孔雀石化剪切带、破碎蚀变带。

东昆仑东—西大滩一带发育完整的造山型金矿成矿系列，具有较好的金矿找矿前景，特别是五十八大沟地区、忠阳山地区、西大滩地区等，其金矿来源与围岩关系较密切。本成果为青海省昆仑河整装勘查区金矿找矿工作提供了方向。

甘肃省镜铁山镜铁山式沉积变质型铁矿预测工作区遥感特征

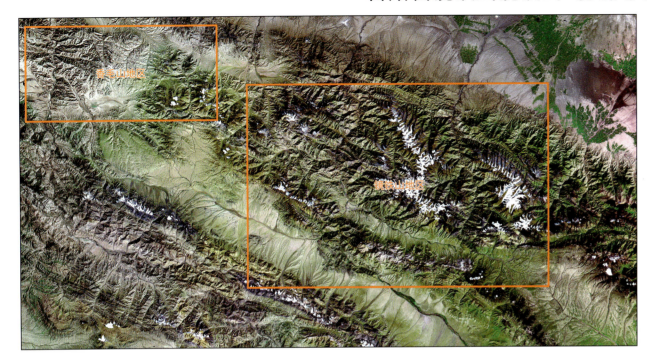

图31-1 镜铁山铁矿预测工作区影像图

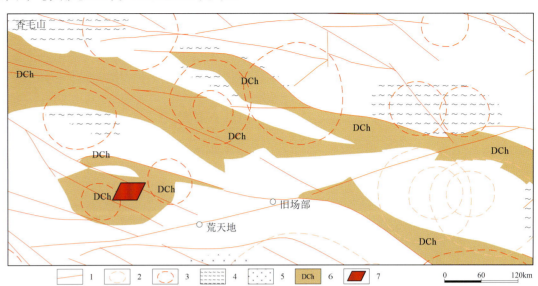

图31-2 香毛山南遥感带、色、环、线要素构造特征

1.断层；2.与古生代花岗岩有关环形构造；3.成因不明的环形构造；4.绢云母化、硅化带；5.侵入岩体内外接触带及残留顶盖；6.桦树沟组带要素（与Fe、Cu有关）；7.海底喷流沉积（Sedex）型铁矿床（点）

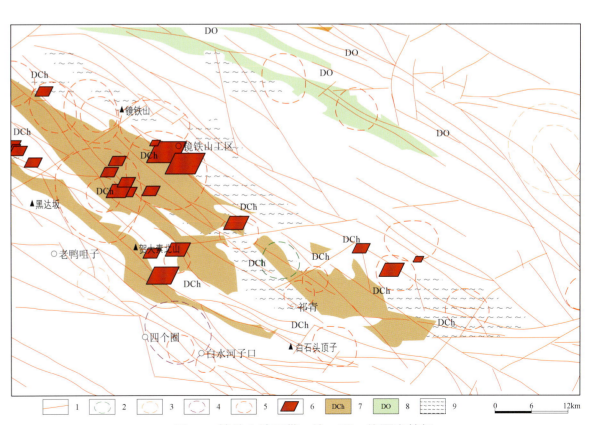

图31-3 镜铁山地区带、块、环、线要素特征

1.断层；2.与基性岩类有关的环形构造；3.与隐伏岩体有关的环形构造；4.与出露岩体有关的环形构造；5.成因不明的环形构造；6.海底喷流沉积（Sedex）型铁矿床（点）；7.桦树沟组带要素（与铁、铜有关）；8.阴沟群带要素（与铜有关）；9.绢云母化、硅化带

镜铁山式沉积变质型铁矿赋存于长城系桦树沟组浅变质碎屑岩中，矿层产于千枚岩中，已知大型铁矿床2处，中型矿床6处，小型铁矿床12处，矿点10处。预测区内虽然高山阴影、冰川和植被对解译有一定的影响，但赋矿地层呈现清晰的带要素特征，图像呈绿色、暗绿色、暗紫色、紫色、黄色、灰色，具线状、条带状影纹，呈高山地貌，地层北西-南东向延伸清楚，较易判断。根据环形沟谷、环形山脊等标志，预测区内解译出38个成因不明环形构造，其中8个环形构造与铁矿床（点）存在空间对应性，如镜铁山两环相交处有大型铁矿床1处、白尖环形构造环边有中型铁矿床1处、头道沟环内有小型铁矿床和矿点各1处、柳沟峡的环外有中型铁矿床1处等。根据色带、色块特征解译出色要素27处，其中7处块、色要素内分布有铁矿床（如红坡和小柳沟色要素内有小型铁矿床各1处，雅儿河色要素内有2处铁矿点）。与铁矿有关的吊大沟块要素内有铁矿1处，块边断层有铁矿点2处。预测区内矽卡岩型铁矿遥感要素是由志留纪二长花岗岩引起的环形构造，刀岗沟环形构造及环内的2个大环边分别有矽卡岩型铁矿床和铁矿点各1处，其产出的地质背景为志留纪二长花岗岩与长城系桦树沟组接触带，前者影像上呈较均匀的黄绿色，为近平行状水系。

镜铁山式铁矿主要遥感找矿信息是带要素和环要素，应将两要素组合好的部位作为同类型铁矿预测地区开展工作。

甘肃省红石山-狼娃山狼娃山式海相火山岩型铁矿预测工作区

甘肃省红石山-狼娃山狼娃山式海相火山岩型铁矿预测工作区位于塔里木板块北缘与哈萨克斯坦板块接合部，天山-兴蒙造山系额济纳-北山弧盆系明水岩浆弧东段，有中型铁矿1处，铁矿点11处。

铁矿工作区赋矿地层为下石炭统白山组中酸性火山碎屑岩。主要围岩蚀变有绿泥石化、绿帘石化、硅化、矽卡岩化。其中矽卡岩化、绿泥石化与矿化关系最为密切。

工作区遥感找矿标志：带要素——下石炭统白山组，图像上呈蓝黑色、紫红色、浅绿色、暗绿色或墨绿色等暗色调，具疙瘩状、线状、条状影纹结构，低山丘陵地貌，多呈锥状山体，解译标志清楚；环形构造，发育有与古生代花岗岩类有关的环形构造16个，其中狼娃山环外缘有中型铁矿床和铁矿点各1处，双英山环内有铁矿点1处；线要素——断层，铁矿多在断层附近，断层为矿质热液提供通道并改造铁矿床，使铁矿富集；色要素，狼娃山铁矿床和跃进山铁矿点位于狼娃山色块边部。

带要素是本区铁矿找矿的基础标志，环、色要素是岩浆热液活动的反映，线要素提供热液运移通道，四要素组合是本区铁矿重要的遥感找矿信息。出现该四要素组合的地区可列入预测范围。

遥感异常多表现为块状、条带状异常密集区，沿侵入体、火山碎屑岩及构造变形带分布，主要有以下两处：

（1）扫子山-红石山近东西向异常富集区，为羟基异常区，异常面积大、强度高、浓积中心明显。异常主要分布于石炭系扫子组火山碎屑岩与海西期中酸性侵入岩接触部位，受控于近东西向展布的断裂构造和蛇绿混杂岩带，严格受地层、岩体和断裂构造限制，具有明显的方向性。分布有矿点、矿化点数10处，与异常有较好的吻合性，证明该异常区具有较好的找矿前景。

（2）明水-碎石黑山异常密集带，为羟基异常带，面积大、浓度值高、富集明显，由星点状图斑密集组成浓集区（带）。异常主要分布于蓟县系平头山组白云质灰岩、大理岩与海西期花岗闪长岩、英云闪长岩的接触带上，少部分出露于石炭系白山组中酸性火山碎屑岩与海西期花岗闪长岩、英云闪长岩的接触带上。表明异常的出露可能与矽卡岩化或其他火山热液蚀变有关，是寻找矽卡岩型铁、金等矿产的有利地段。

图32-1 红石山-狼娃山铁矿预测工作区遥感影像图

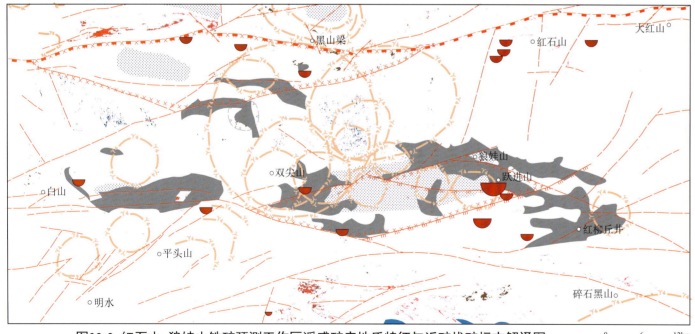

图32-2 红石山-狼娃山铁矿预测工作区遥感矿产地质特征与近矿找矿标志解译图

甘肃省双尖山-狼娃山金窝子式侵入岩型金矿预测工作区

甘肃省双尖山-狼娃山金窝子式侵入岩型金矿预测工作区位于红石山结合带，褶皱、断裂变形强烈。总体表现为近东西向多级复式褶皱构造，主要有骆驼峰向斜、骆驼峰北背斜，沿褶皱轴部有石英闪长岩体侵入，其次，尚出现一些层间褶曲和揉皱，在轴部也可见石英脉穿入。区内共解译线要素45条、环要素24个、色要素5块、带要素3块、块要素1块，圈定出遥感最小预测区1处。区内羟基遥感异常属于较强异常，总体具有面积大、强度高、浓集中心明显等特征。羟基异常多表现为由异常图斑组成的异常密集区域，大多富集成块状、条带状等沿侵入体、火山碎屑岩及构造变形带（或断层破碎带）等规律性地分布。预测区羟基异常主要沿黄岗南-黑山梁-红石山大断裂展布，下伏地层岩性主要为石炭纪的浅海相碎屑岩，以及少部分晚中生代的花岗闪长岩、斜长花岗岩、玄武岩、辉绿岩。对照已知矿产分布，该羟基异常分别与金矿点、铜矿点、铁矿点有较好的相关性。

图33-1 双尖山-狼娃山金矿预测工作区遥感影像图

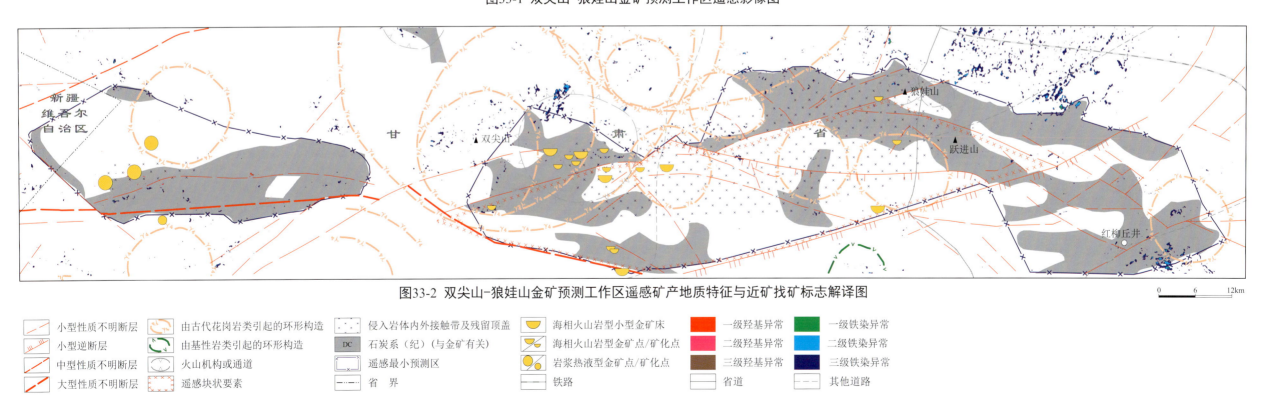

图33-2 双尖山-狼娃山金矿预测工作区遥感矿产地质特征与近矿找矿标志解译图

甘肃省大水大水式破碎-蚀变岩型金矿预测工作区

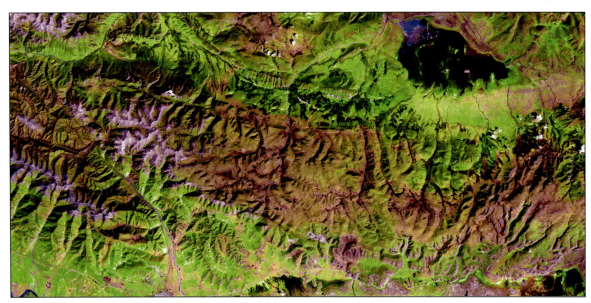

图34-1 大水金矿预测工作区遥感影像图

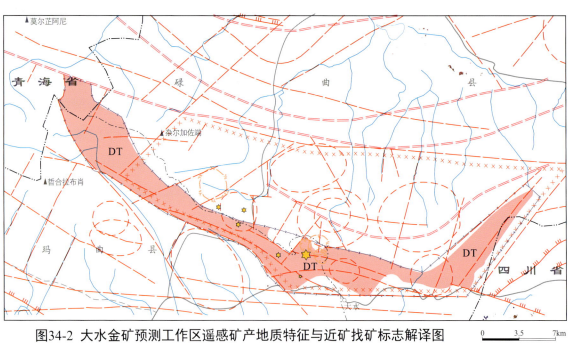

图34-2 大水金矿预测工作区遥感矿产地质特征与近矿找矿标志解译图

预测工作区位于西倾山-南秦岭陆缘裂谷带，赋矿岩系为二叠系大关山组、上二叠统迭山组的第一岩段和第二岩段，下三叠统马热松多组、中三叠统郭家山组、下侏罗统龙家沟组。主要含矿地层均为富含镁质而化学性质活泼的碳酸岩建造，对金矿起了赋存定位作用。

预测区主要控矿构造为断裂构造，主干构造玛曲-略阳界断裂、北西西-近东西向弧形断裂控制着区内岩浆岩和矿床的空间产出。与弧形断裂垂直的近南北向和北东-北东东向断裂控制了中酸性岩脉和矿体的产出与分布。其中，玛曲-略阳界断裂为长期活动的基底断裂，其上盘北西西断裂控制着区域矿床或矿体的分布。

岩浆岩呈岩株状产出，侵位于上二叠统和三叠系。大量中酸性脉岩侵入于断裂破碎带中，为成矿提供热源和矿源，其产出部位常伴有金矿化；岩体侵位在围岩地层中形成热穹隆构造，在岩体的南侧产生一系列放射状张性断裂裂隙及环状压性断裂，分别为大水预测区的北东向、近南北向和近东西向断裂，为金的成矿富集与定位提供了有利场所。

围岩蚀变有方解石化、赤（褐）铁矿化、硅化、碳酸盐化，其次还有黄钾铁钒化、绢云母化、高岭土化、绿泥石化等。其中，与金矿关系密切的有硅化、赤铁矿化、方解石化。根据蚀变类型在空间的分布特征看，以矿体为中心，主要发育强烈硅化、赤铁矿化和网脉状石英-方解石化，矿体两侧为黄钾铁钒化和方解石化，硅化、赤铁矿化强度随远离断裂破碎带而减弱。

区内共解译出线要素72条、环要素16个、带要素1块、块要素1块，未发现色要素，圈定出遥感最小预测区1处。大水金矿预测区遥感羟基异常在该预测区主要零星分布在3处，在结格杂干以西分布最为集中，其次在携玛坚、玛合才日两地间有少许分布，异常所在地的地质背景主要为泥盆系浅海相碎屑岩，对照现有矿产矿点与异常分布的特点，结格杂干以西羟基异常与该预测区已知铁矿点和金矿点有较好的相关性。

大水预测区遥感铁染异常主要出露于玛曲县东，在该段属于强异常。表现为由异常斑块组成的异常密集区域，总体上以斑点异常密集区为主，但部分地段呈斑块状，异常强度高。异常出露地层为二叠纪浅海相碎屑岩、三叠纪河湖相碎屑岩，异常可能与区域性构造控制有关。对比已知矿点分布，该处铁染异常可能与金矿点有一定相关性。

甘肃省公婆泉公婆泉式斑岩型铜矿预测工作区

公婆泉公婆泉式斑岩型铜矿预测工作区位于甘肃省肃北县马鬃山乡。区内岩浆活动强烈，侵入岩主要为中-酸性侵入岩，其中海西早期的英安斑岩、花岗闪长斑岩、石英斑岩、细粒石英闪长岩与铜矿关系最密切。区内出露的主要断裂构造为同昌口北-三道明水大断裂，区域上隶属于红柳河-洗肠井大断裂带的一部分，断裂构造对斑岩铜矿的形成有宏观上的控制作用。由此派生的次级断裂构造则对矿体的形成和定位起到控制作用。区内围岩蚀变强烈，围岩蚀变主要由次英安斑岩和花岗闪长岩引起，分带性十分明显。围岩蚀变中心为次生绢云石英岩化带，向外依次为黑云石英钾长石化带-青磐岩化带-角岩化带-石英钠长石化-矽卡岩化带。斑岩铜矿体主要赋存于钾化蚀变带内。

工作区内共解译线要素91条、环要素28个、色要素4块、带要素4块、近矿找矿标志若干，未解译出块要素。铜矿预测区遥感羟基异常分布比较集中，主要位于该预测区中部、南部一带，图幅其他地区几乎没有异常，在马鬃山东南一点异常最为集中，通畅口一带有少量零星分布。对照现有矿产地质图，异常所在地层主要为石炭纪斜长花岗岩、志留系闪长岩，石炭纪斜长花岗岩与铁矿点相关性较好，志留纪闪长岩异常与铜矿点、铁矿点有较好的相关性。预测区遥感铁染异常在预测区显示较强，总体具有面积大、强度高、浓积中心明显等特征。在图面上铁染异常多表现为由异常色块或图斑组成的异常密集区域，大多富集成块状、条带状等沿侵入体、构造变形带（或断层破碎带）等规律性地分布。预测区铁染异常在图面上主要浓集为3处。

（1）公婆泉东南铁染异常分布区：该区域铁染异常分布在图面上最为明显，并且面积大、分布规律性强。异常在图面上表现为由密集图斑组成的富集区域呈团块状聚集，其聚集形成形状大致与该区岩体形状类似，反映出异常与区域性断裂构造和岩体形状控制的相关性；异常下伏地层为晚古生代斜长花岗岩、晚古生代花岗岩，对照已知矿产分布，该处异常可能与铜矿点、铁矿点具有一定相关性。

（2）马鬃山南铁染异常分布区：该异常区在马鬃山南富集成密集区域，浓度较高，表现为由异常图斑组成的团块状区域。异常下伏地层为第四系冲洪积物，异常可能反映了山区侵入岩体后期蚀变后，经流水搬运富集的现象。该处异常与成矿关系暂不明确。

（3）三道明水山西铁染异常密集区：该处异常面积较小，浓集程度相对不高。出露于三道明水山西段，图面上表现为由异常图斑组成的斑点状密集区，基本上呈团块状展布。下伏地层为晚古生代中晚期斜长花岗岩、花岗岩。该异常反映了异常分布区域与区域性断裂构造和岩体形状控制的相关性。对照已知矿产分布，该处异常可能与铁矿点具有一定相关性。

图35-1 公婆泉铜矿遥感影像图

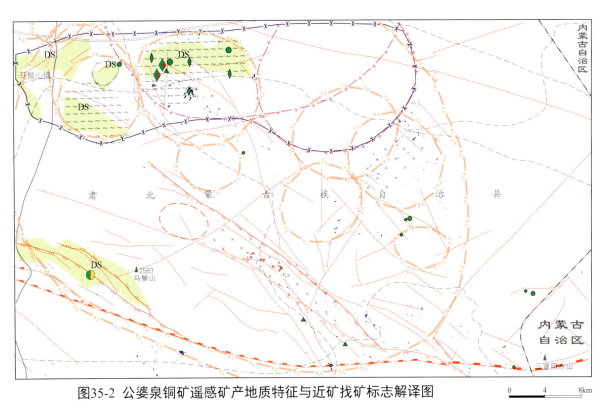

图35-2 公婆泉铜矿遥感矿产地质特征与近矿找矿标志解译图

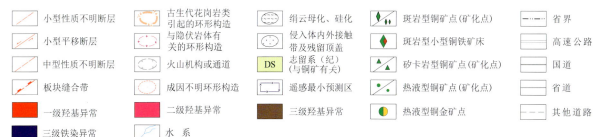

甘肃省黑山黑山式侵入型镍铜硫化物矿预测工作区

甘肃省黑山黑山式侵入型镍铜硫化物矿预测工作区地处甘肃省北山地区马鬃山镇，为塔里木陆块区的敦煌陆块中的柳园裂谷中部地区。区内经历了复杂的构造变动，岩浆活动十分发育，特别是基性、超基性岩浆侵入，在成矿带内形成了黑山铜镍重要矿产和大头山南部铜镍矿化的线索。除此之外，预测区内还有多处磷块岩矿（化）点。铜镍矿床的成矿围岩主要为奥陶纪角闪橄榄岩，在西部30多千米的大山头南基性岩中的超基性岩体中见有铜镍矿化点，区内加里东中期基性、超基性侵入岩活动强烈，属铜镍成矿作用有利地段。

区内共解译线要素32条、环要素12个、带要素7个、色要素1块，未解译出块要素，圈定出遥感最小预测区1处。遥感羟基异常在该预测区见有零星分布，主要位于该预测区西部与中部地区的古元古界北山群、长城系熬油沟组及下奥陶统吾力沟群变质火山岩、砂岩、灰岩、千枚岩、硅质岩中，该预测区已知铁矿点和铁矿床内未见有异常分布。遥感铁染异常在预测区显示较强，总体具有面积大、强度高、浓集中心明显等特征。铁染异常多表现为由异常色块或图斑组成的异常密集区域，大多富集成块状、条带状等沿侵入体、构造变形带（或断层破碎带）等规律性地分布。

图36-1 黑山镍铜矿预测工作区遥感影像图

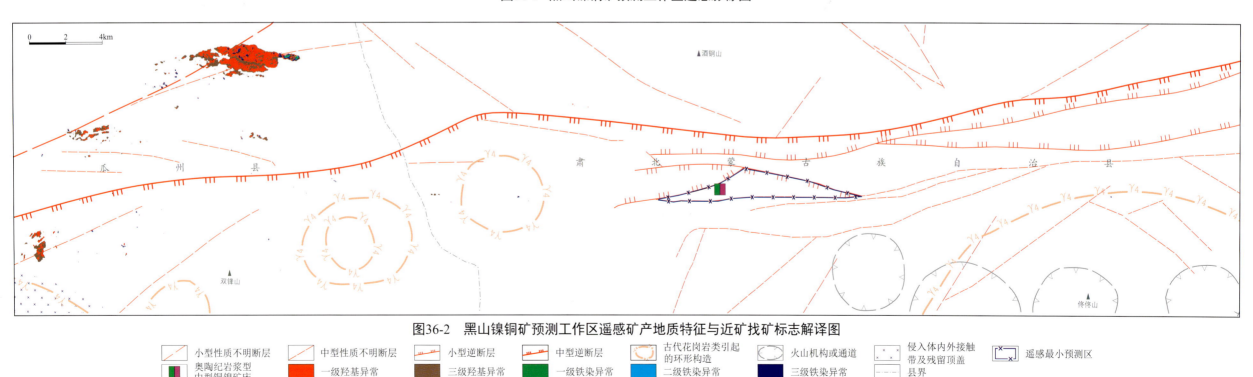

图36-2 黑山镍铜矿预测工作区遥感矿产地质特征与近矿找矿标志解译图

甘肃省红尖兵山红尖兵山式花岗岩石英脉型钨矿预测工作区

红尖兵山式花岗岩石英脉型钨矿预测工作区位于北山西段铁、多金属成矿带内，在大地构造位置上处于哈萨克斯坦-北山板块北带优地槽带、红石山-黑鹰山地体与公婆泉-月牙山地体的会聚处。预测区赋矿围岩主要是下石炭统下岩段白山组地层，该地层岩石组合为英安岩、流纹岩、流纹质熔结凝灰岩、英安质熔结凝灰岩、火山角砾岩等。

区内成矿构造主要有红石山南韧性剪切带、白山-狼娃山逆冲构造带，成矿作用主要与海西期二长花岗岩、花岗闪长岩、石英闪长岩等中酸性侵入岩以及高钨背景值的火山碎屑岩有关。

区域蚀变作用主要是云英岩化、硅化、钠长石化和绢云母化，其次为钾长石化、绿帘石化、高岭石化。

区内共解译线要素33条，环要素10个，色要素6块，带要素6个，未解译出块要素，圈定出遥感最小预测区1处。红尖兵山钨矿预测工作区地处额济纳旗-北山湖盆系，地质条件复杂，羟基异常主要分布在双尖山西北、平头山北、白山、平头山等地一带。下伏地层主要是下石炭统浅海相碎屑岩、下石炭统含铁复理石建造、古近纪-新近纪河湖相碎屑岩、石炭纪辉绿岩。羟基异常强度较大，表现为由密集图斑组成的团块状区域零星分布于该预测区各地，大致呈东西方向展布，异常可能反映了复理石碎屑岩建造中的泥化蚀变现象和辉绿玢岩共同的行为特征。遥感铁染异常表现为由密集图斑组成的团块零星分布于预测区各处，大致呈东西方向展布，异常可能反映了复理石碎屑岩建造中的泥化蚀变现象。

图37-1 红尖兵山钨矿预测工作区遥感影像图

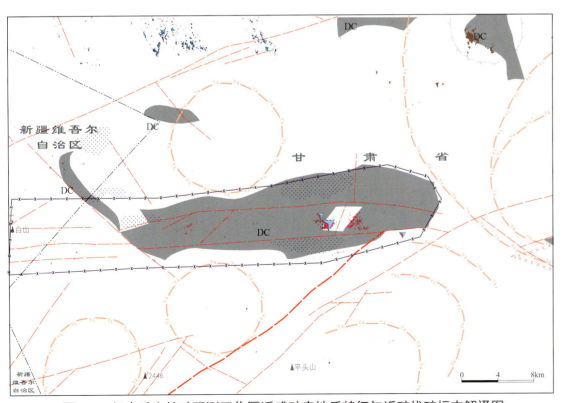

图37-2 红尖兵山钨矿预测工作区遥感矿产地质特征与近矿找矿标志解译图

甘肃省苏干湖小苏干湖式盐湖沉积型钾盐矿预测工作区

苏干湖小苏干湖式盐湖沉积型钾矿预测工作区位于甘肃省阿克萨哈萨克族自治县内，处于小苏干湖一带。构造上由3条隐状断裂控制苏干湖-花海西断陷槽型盆地，形成3个近似等距离的沉降带，长期接受阿尔金山、赛什腾山的雪水及大小哈尔腾河流的地表径流及地下潜流，且水中携带钾、钠、钙、镁、硼等物质，加上长期的干旱少雨、高蒸发，为盐类矿产沉积提供了决定性条件。

区内共解译出35条小型断层和两个成因不明环形构造。该盐湖主要是由2条北西向断层、1条北北东向断层和1条近南北向断层围限而成的断陷盆地，大体呈梯形。苏干湖预测区遥感羟基异常总体属于强异常，主要分布于阿尔金山周围。图面上比较明显的异常主要有两处：一处位于图幅西北侧，异常强度、面积都较大，表现为由异常图斑组成的团块状异常密集区，异常主要位于志留系碎屑岩中，闪长岩、辉绿岩中亦有少量分布，异常的产出可能与区域性断裂构造和中基性岩后期绿泥石类蚀变等共同作用有关；另一处羟基异常位于图幅西南侧，由异常图斑组成的异常条带沿断裂带展布，出露地层为奥陶纪斜长花岗岩、侏罗系碎屑岩等，该处羟基异常可能是由区域性断裂构造引起。

苏干湖预测区遥感铁染异常主要出露于西北部，在苏干湖北部亦有少量分布，在该段属于弱异常。表现为由异常斑块组成的异常密集区域，总体上以斑点异常密集区为主，但部分地段形成斑块状，异常强度高。苏干湖西北部异常下伏地层主要为湟源群，另外夹有超镁铁质盐类、斜长花岗岩和石炭纪碳酸盐岩、碎屑岩及中基性火山岩等。异常可能是由中基性岩后期蚀变矿化与构造作用共同引起。在苏干湖北部的第四系中分布的大量铁染异常可能与当地盐碱滩的高亮度值有关，据已知矿产分布特征，推测分布于第四系中的铁染异常可能与钾盐矿有一定的相关性。

图38-1 苏干湖钾盐矿预测工作区遥感影像图

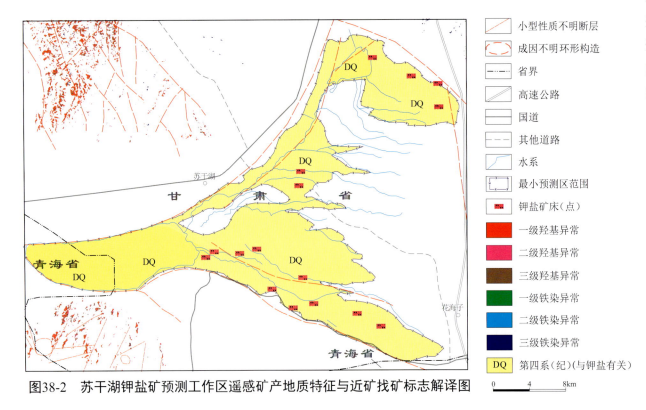

图38-2 苏干湖钾盐矿预测工作区遥感矿产地质特征与近矿找矿标志解译图

甘肃省肃北县马鬃山大红山式沉积改造型锰矿预测工作区

肃北县马鬃山大红山式沉积改造型锰矿预测工作区位于塔里木陆块北东边缘—柳园裂谷（Ⅲ级）的双鹰山被动陆缘（Ⅳ级）的浅海盆地中，是沉积锰矿成矿的有利地段。区内中部蓟县系平头山组含矿岩系呈东西向展布，分布有马鬃山锰矿点及含锰层位，控矿构造为近东西向逆冲断裂。区内褶皱断裂构造强烈，矿区位于泽鲁木-大豁落山背斜褶皱束的东部，矿体主要产于蓟县系平头山组板岩、千枚岩及白云质大理岩的断层、裂隙中。区内常见的近矿围岩蚀变及矿化有硅化、重晶石化、褪色现象及褐铁矿化等，且以后者为主。

区内解译线要素77条、环要素3个、带要素8块，圈出遥感最小预测区8处。铁染异常在该区稀少，在东部、中部、西部皆有零星分布，在罗雅楚山前陆盆地（O-P）上，铁染异常多见一级异常，但其成矿关系暂不明确。遥感羟基异常相当发育，大体沿着断层呈东西向展布，主要位于西双鹰山与马鬃山一带。在罗雅楚山前陆盆地（O-P）上，对照已有矿点分布特征，该处羟基异常与锰矿成矿关系密切。

图39-1 马鬃山锰矿预测工作区遥感影像图

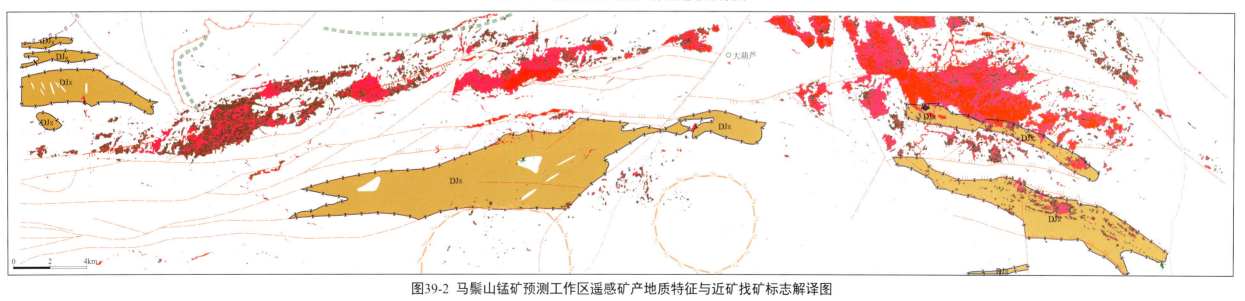

图39-2 马鬃山锰矿预测工作区遥感矿产地质特征与近矿找矿标志解译图

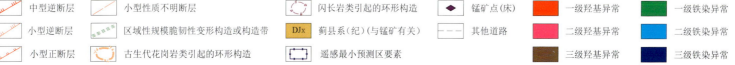

青海省柴达木盆地西台吉乃尔湖钾锂硼矿床

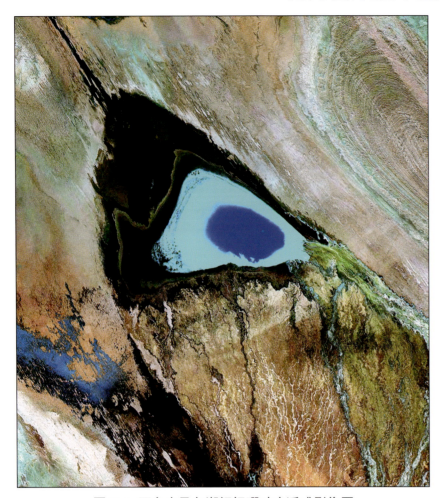

图40-1 西台吉乃尔湖钾锂硼矿床遥感影像图

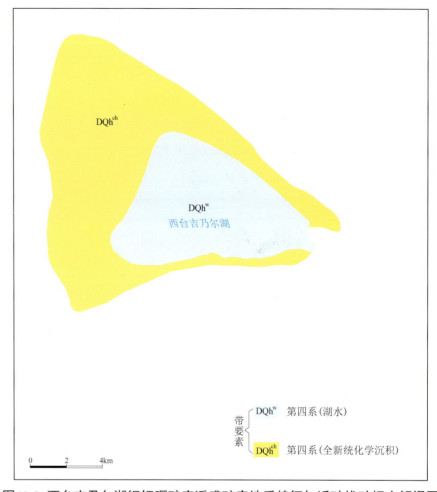

图40-2 西台吉乃尔湖钾锂硼矿床遥感矿产地质特征与近矿找矿标志解译图

青海省柴达木盆地西台吉乃尔湖钾锂硼矿床位于青海省柴达木盆地东部三湖沉降带的西部，是由褶皱和断裂构造运动形成的一个近似三角形的次级成盐盆地，沉积了大量的陆源碎屑和盐类物质。

在ETM+遥感影像（波段741组合）上该湖区表现为由不同色调的环带组成的南宽北窄的近似三角形，地势总体较低，南部植被和水系较发育，同心环状纹形。从湖盆中心向外依次为全新统湖泊沉积（DQh^w）、全新统湖沼沉积（DQh^{ch}）、全新统冲洪积（DQh^{pal}）和上更新统湖沼沉积（DQp^{ch}）。其中，全新统湖泊沉积（DQh^w）区呈深蓝色、浅蓝色，为现代盐湖典型的色调标志，不同程度的蓝色反映了湖水的深浅变化。全新统湖沼沉积（DQh^{ch}）区随含盐量的不同，其色调在影像上也略有不同，含砂石盐区（DQh^{1ch}）呈灰蓝色、黄绿色，含石盐的粉砂岩区（DQh^{2ch}）呈灰黑色、浅灰蓝色，它们都反映湿盐滩分布的范围，是盐湖浓缩干涸但未达到干盐滩的阶段性产物。全新统冲洪积（DQh^{pal}）主要分布于湖区的南部，呈褐红色、土黄色、黄绿色，为锂矿的物质来源主要供给区。上更新统湖沼沉积区（DQp^{ch}）以灰白色为主，反映已经干化了的盐滩分布范围；从矿化度的变化可知中间湖水区高，向四周逐渐降低，边缘地带为310g/L左右。从影像上还可以看出西台吉乃尔湖区的湖水从北西向南东退缩，说明南东侧下降幅度比北西侧快，这种隆起与坳陷、凸起与凹陷的现象，对盆地的盐类沉积及成盐（矿）作用至关重要。

根据成矿地质环境演化及遥感地质特征建立的遥感找矿模式为：①盐湖的影像色调是寻找钾锂硼矿的直接遥感标志。现代湖泊呈深蓝色、浅蓝色，是水体在影像中的典型色调标志；湿盐滩区以灰蓝色、黄绿色、灰黑色等深色调为主，间或见灰白色色带，它们以同心环带状围绕湖盆分布；影像结构光滑，色彩均一，为全新统湖沼沉积区。干盐滩为以灰白色为主的影像区，实为上更新统湖积化学沉积物的影像，在西台吉乃尔湖地区上述3种影像区为寻找钾锂硼矿的有利地区。②北东侧的巴嘎雅乌尔背斜构造为钾锂硼矿的形成创造了有利的构造条件。③第四系上更新统及全新统湖泊沉积和湖沼沉积为钾锂硼矿的主要赋矿地层。

青海省磁铁山-智玉五龙沟式破碎-蚀变岩型金矿预测工作区

图41-1 磁铁山-智玉金矿预测工作区遥感影像图

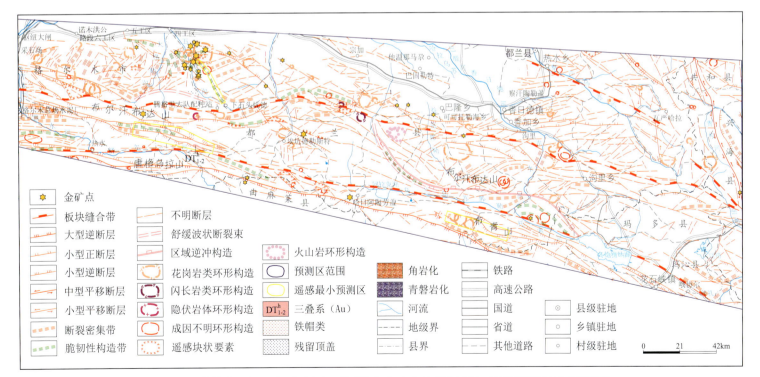

图41-2 磁铁山-智玉金矿预测工作区遥感矿产地质特征与近矿找矿标志解译图

青海省磁铁山-智玉五龙沟式破碎-蚀变岩型金矿预测工作区位于青海省东昆仑山中东段，主体属北昆仑岩浆弧、东昆仑南坡俯冲增生杂岩带，并跨祁漫塔格北坡-夏日哈岩浆弧、木孜塔格-西大滩-布青山蛇绿混杂岩带Ⅲ级构造单元。与成矿有关的地层为东昆中断裂以北为小庙组、狼牙山组、金水口岩群地层；东昆中断裂以南为纳赤台群、闹仓坚沟组地层，东昆南断裂带为马尔争组地层。同时各时期构造破碎带、韧性剪切带及石英脉与成矿关系密切。

区内解译出线要素814条、环要素72个、色要素15块、带要素1个、块要素16块。经线要素与金成矿条件分析，北西向、北北西向线性构造或脆韧性变形构造与破碎-蚀变岩型金成矿和聚矿关系极为密切。带要素分布在开荒北侧地区，为中下三叠统闹仓坚沟组碎屑岩地层，是重要的成矿要素。矿体产于一系列近东西向顺层展布的破碎带脉体中。区内由中酸性侵入体引起的环形构造与破碎-蚀变岩型金成矿具一定的相关性。色要素主要分布在乌龙河、五龙沟、金水口、白石崖、都龙牙哆及虽根尔岗等地区，有角岩化、青磐岩化、铁帽类及侵入岩体内外接触带及残留顶盖4种。如五龙沟地区三叠纪花岗闪长岩体外接触带色异常呈橘黄色色调；金水口地区铁帽类色要素呈浅红色色斑。色要素与破碎-蚀变岩型金成矿亦有相关性。块要素分布在白日其利沟、大水沟、五龙沟、峡吴恩采布拉格、哈格特诺尔托、英特尔羊场及益克光等地区，类型为线形围限的多边形块体、构造透镜体、菱形块体。如五龙沟地区由断裂围限的四边形块体与金成矿的相关性也较高。

工作区羟基、铁染异常多呈星点状、斑块状，其空间展布呈北西西向与区域主构造线方向一致。区内出现在闹仓坚沟组、洪水川组、马尔争组、纳赤台群、狼牙山组、金水口岩群地层以及北西或北西西向构造带的羟基、铁染异常，可作为成矿蚀变信息。

根据遥感矿产地质特征解译，该破碎-蚀变岩型金矿预测工作区内闹仓坚沟组、洪水川组、马尔争组、纳赤台群、狼牙山组、金水口岩群地层与北西或北西西向各类线性构造、中酸性侵入体引起的环形构造以及色、块要素等组合出现的地段即为找矿有利部位。

综合遥感五要素特征及遥感异常分布，将出现于闹仓坚沟组、马尔争组、狼牙山组地层中遥感异常较好的五龙沟、开荒北侧、孟可特地区圈划为3处遥感最小预测区。

青海省夏日哈木镍钴（铜）矿区

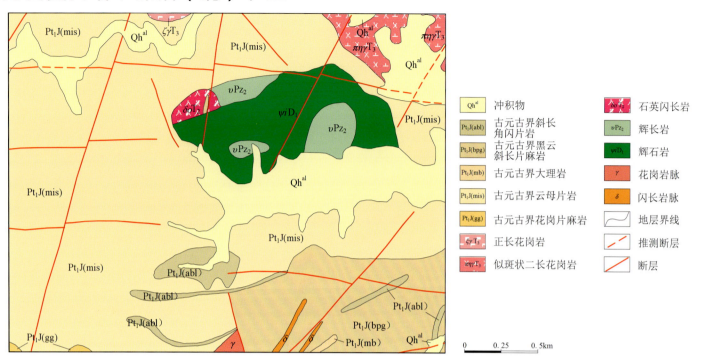

图42-1 夏日哈木镍钴（铜）矿区（Ⅰ号岩体）高分影像及高磁异常图

图42-2 夏日哈木镍钴（铜）矿区（Ⅰ号岩体）遥感解译图

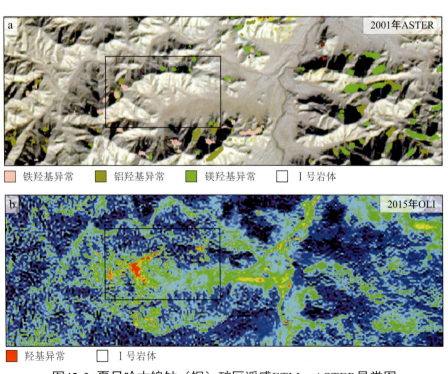

图42-3 夏日哈木镍钴（铜）矿区遥感ETM、ASTER异常图

夏日哈木镍钴（铜）矿床位于青海省格尔木市西中灶火沟内，为仅次于甘肃金川铜镍矿床的中国第二大镍矿床。矿区出露地层为古元古界金水口岩群，呈基底残块分布。区内岩浆活动频繁，早泥盆世基性—超基性杂岩体是主要的含矿地质体。

矿区遥感构造特征：矿区发育近东西向、北北东向、北东向、北北西向、北西向和南北向等几组断裂构造，近东西向断裂形成时间早、规模大。主构造方位为近东西向和北北西向，它控制着区内地层及岩浆岩分布。解译结果显示，夏日哈木地区北北东向构造为控矿构造，近东西向构造为控岩构造，北西向韧性剪切带可能控制了区内超基性岩体的出露范围。目前矿区已知的5个基性—超基性杂岩体基本上沿北西向韧性剪切带走向展布。

矿化特征：超基性岩体岩性主要为辉石岩、辉长岩，含矿岩性为辉石岩，辉石岩普遍具有绿泥石化、透闪石化、蛇纹石化。矿石矿物主要为孔雀石化、镍华及镍黄铁矿。围岩主要为花岗片麻岩、斜长角闪片麻岩，花岗片麻岩普遍具有硅化，局部具有黄铁矿化。矿化体严格受岩体控制，风化后往往形成氧化带，其氧化带颜色为褐色、砖红色、孔雀绿色、翠绿色（镍华）等，是该区寻找铜多金属矿的主要风化露头标准。夏日哈木铜镍矿属岩浆熔离型矿产，其产出部位主要受超基性岩分布控制，但其赋存状态可能还受到后期断裂构造的叠加改造作用。

找矿标志：①最有利于镍、钴成矿的岩体主要有早泥盆世的镁铁质—超镁铁质杂岩体，矿体严格受杂岩体的控制；②镍华在地表呈现蓝绿色，黄铁矿化、黄铜矿化、磁黄铁矿化、镍黄铁矿化等硫化物矿化为直接找矿标志，碳酸盐化、蛇纹石化、绿泥石化为间接找矿标志。

新疆维吾尔自治区乌什县苏盖特布拉克海相沉积型磷块岩矿床

图43-1 苏盖特布拉克磷块岩矿床遥感影像图

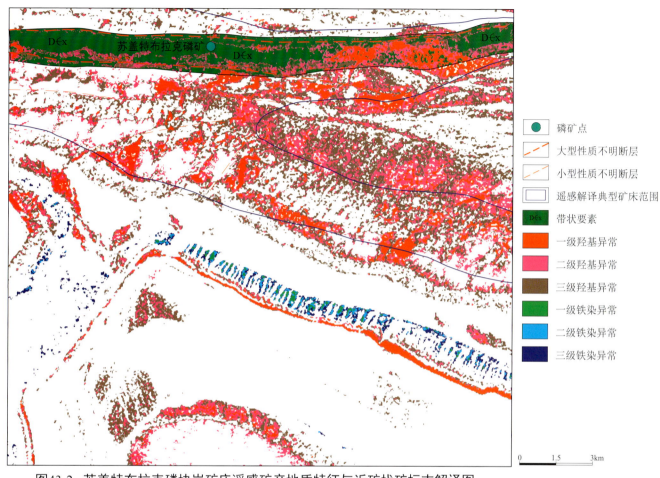

图43-2 苏盖特布拉克磷块岩矿床遥感矿产地质特征与近矿找矿标志解译图

新疆维吾尔自治区乌什县苏盖特布拉克海相沉积型磷块岩矿床位于塔里木陆块之柯坪陆缘盆地之柯坪断块东段，阿克苏鼻状隆起西南缘，属柯坪塔格（前陆盆地）Pb-Zn-Cu-Fe-V-Ti-Sn-Sr-Hg-U-磷-石墨-煤-盐类-重晶石-宝石矿带（IV-13-①），是新疆维吾尔自治区柯坪塔格地区苏盖特布拉克式海相沉积岩型磷矿预测工作区的典型矿床。矿床位于一大单斜构造带的东段，岩层走向与山体走向基本一致，呈东西向展布，发育有小的向斜褶皱构造。区内大断裂少见，仅有小规模断层，多为垂直于岩层走向的平推断层和斜交岩层走向的北东南西走向的正断层。主要出露地层为下寒武统肖尔布拉克组，其下部岩性段为硅质岩、含磷硅质岩夹灰岩、泥灰岩、碳质页岩、粉砂岩、白云岩；上部岩性段为灰岩、泥灰岩、白云质灰岩偶夹白云岩。矿石以结核状为主，次为块状和角砾状、结核状矿石由磷结核硅质、重晶石胶结而成，结核为0.3～8cm，有同心结构，含磷较高。矿物为胶磷矿，其他有玉髓、重晶石、绿泥石、水云母等。矿床以含磷结核为特色。

从ETM影像图上可以看出，磷矿产于浅灰绿色、褐红色带状影像单元中。赋矿地层下寒武统肖尔布拉克组（带要素D∈x）灰岩、白云岩呈浅灰绿色，层理清晰，形成刀砍状地貌，近东西向延伸，纹理细腻，水系树枝状，色调与周围差别较大。区内羟基异常发育，呈近东西向条带状展布，多与地层关系密切；含矿地层中羟基异常较发育，与含矿地层套合较好。含矿地层中无明显铁染异常发育，主要见于矿区南部。从遥感解译线要素可见矿区东西向断裂发育，显示东西向断裂对成矿有利。

新疆维吾尔自治区尉犁县且干布拉克岩浆岩型磷灰石矿床

图 44-1 且干布拉克磷灰石矿床遥感影像图

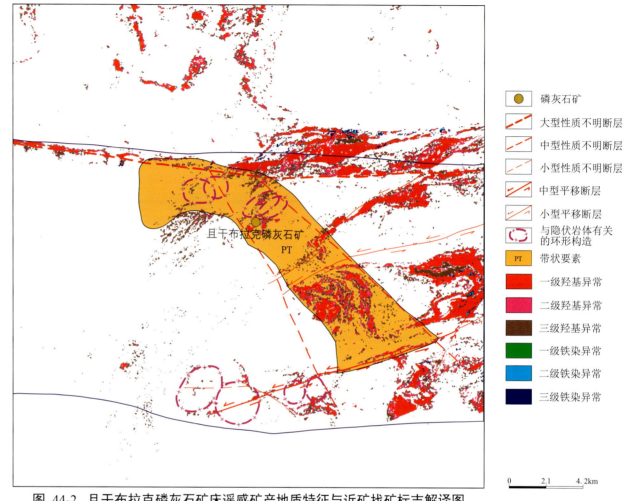

图 44-2 且干布拉克磷灰石矿床遥感矿产地质特征与近矿找矿标志解译图

新疆维吾尔自治区尉犁县且干布拉克岩浆岩型磷灰石矿床位于塔里木板块库鲁克塔格隆起的西部，北距兴地断裂带约2km，属库鲁克塔格(陆缘隆起)Cu-Ni-Pb-Zn-Au-Fe-REE-U-蛭石-磷-石墨-重晶石-煤-白云岩矿带（Ⅳ-13-②）。隆起基底由太古宙和元古宙变质岩系组成，其上有震旦系和古生界组成的盖层。区域构造复杂，兴地断裂呈北西向，长几百千米，分布在库鲁克塔格隆起与塔里木坳陷的交界线附近，沿此断裂带分布有超镁铁岩带和碱性岩带，南带为镁铁-超镁铁岩，产铜镍矿；北带为超镁铁岩-碳酸岩碱性岩带，产蛭石、磷灰石、金云母、透辉石、稀土矿。矿区出露地层为古元古界达格拉克布拉克群，可见厚度约1km，由斜长角闪岩和混合片麻岩组成。区内构造为东西走向的兴地断裂及其次级断裂，次级断裂以北西西向为主，规模较大；其次为北西向、北东向和南北向。

从ETM影像图上可以看出，该矿产于浅紫灰色影像岩性中，位于近东西向与北西向断裂构造的交会收敛处。环形构造南缘，该带紫灰色影像特征明显，断裂构造交错分布，环形构造发育，属岩浆岩型磷灰石矿床重要找矿远景区。可见带内元古宙超镁铁岩和碳酸岩呈浅紫灰色显示，呈负地形地貌，走向近东西向延伸，影像清晰。同时浅紫灰色岩性发育，是赋矿岩性的影像特征。从遥感解译线要素可见，已知矿床内北西向断裂与近东西向断裂交错分布，其交会收敛处为成矿有利部位。

新疆维吾尔自治区哈密市红星山碳酸盐岩-细碎屑岩型铅锌矿床

图45-1 红星山铅锌矿床遥感影像图

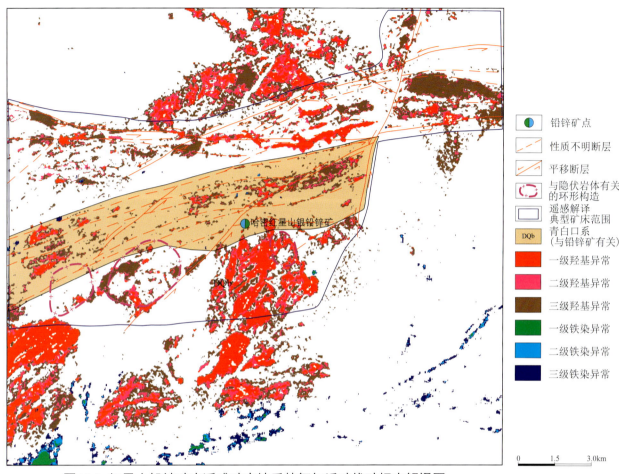

图45-2 红星山铅锌矿床遥感矿产地质特征与近矿找矿标志解译图

新疆维吾尔自治区哈密市红星山碳酸盐岩-细碎屑岩型铅锌矿床属卡瓦布拉克-星星峡(地块)Fe-Pb-Zn-Ag-Cu-Ni-Cr-V-Ti-REE-MR-U-W-硅灰石-盐类-白云母-磷灰石-宝玉石矿带（Ⅳ-11-③），是彩霞山-沙泉子碳酸盐岩-细碎屑岩型铅锌矿预测工作区的典型矿床。赋矿地层为青白口系天湖群红星山组第三亚组一套中浅变质岩建造。岩性特征和岩石组合：下部为灰绿色绿泥石石英片岩、绢云母石英片岩、石英片岩、大理岩及石英岩等，其中的大理岩为本区重要含矿层位；上部为灰绿色黑云母斜长片麻岩、灰绿色角闪斜长片麻岩、斜长片麻岩夹变粒岩、大理岩透镜体。矿区内构造形迹以断裂构造为主，褶皱构造规模较小，见于矿区西部。断层构造主要分布于矿区中部，是主要的控矿构造。矿区内出露的岩浆岩规模较小，主要为加里东期眼球状、片麻状花岗岩和后期基性斜长角闪岩及少量脉岩。眼球状、片麻状花岗岩在地表呈岩株状产出，与围岩为侵入接触或断层接触，岩石片理发育，有明显的片麻状构造，与地层接触部位常发生角岩化。

从遥感影像上可见，带内地层呈棕红色色调，局部可见浅蓝色斑状、带状影纹特征，含矿岩石在遥感影像图色调偏深，遥感解译该类型影像特征对找矿有利。区内断裂较发育，已知矿床位于北东东向断裂通过处，说明断裂构造对找矿有一定的指示作用，故遥感解译断裂构造对找矿有利。区内羟基异常发育，已知矿床范围内一级、二级、三级羟基异常均呈团块状、带状分布，说明羟基对找矿有一定的指示作用。

新疆维吾尔自治区柳树沟海相火山岩型铜矿预测工作区

新疆维吾尔自治区柳树沟海相火山岩型铜矿预测工作区的含矿层为泥盆系阿尔皮什麦布拉克组，是一套以海相碎屑岩为主夹碳酸盐岩和中酸性火山岩的沉积序列，海相碎屑岩与铜矿有关。遥感影像上南部主要呈灰紫色、灰蓝色，为树枝状水系，局部可见层状纹理，纹理和色调与周围区别不大；西段植被大面积覆盖，影像模糊，影纹不清。与矿产预测组预测的含矿地层与解译的含矿地层套合较好。羟基蚀变主要分布在预测工作区中东部，铁染蚀变主要分布在测区东部，呈斑点、斑块状或带状分布，均与含矿地层套合较好。

预测工作区中圈定了两处遥感最小预测区，分布于中部和东部。其中，位于中部的遥感最小预测区中带要素发育并延伸稳定，区内北西西向断裂密集发育并将带要素分割成大小不等的条或块，另外还发育北西向断裂，成因不明环要素与线要素相交，并与带要素相套合。中东部遥感最小预测区中带要素发育并延伸稳定，区内北西西向断裂发育并控制着带要素分布，另外还发育北西向断裂，由花岗岩体引起的环和成因不明环要素与线要素相交，并与带要素相套合。

区内已知铜矿点有12处，主要分布在西部的含矿地层上。西部带要素与线要素多处相套合、且多处与环要素相交，应为找矿的有利部位。

图46-1 柳树沟铜矿预测工作区遥感影像图

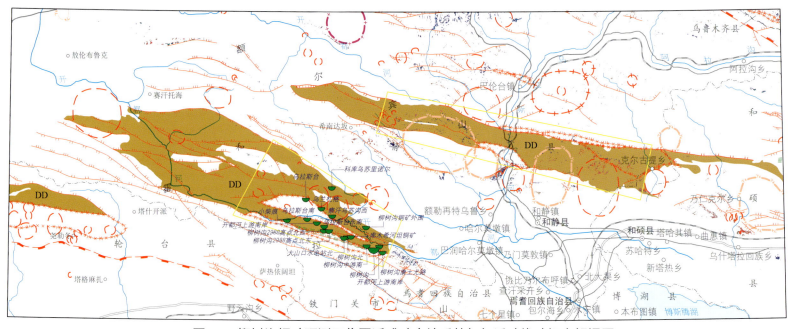

图46-2 柳树沟铜矿预测工作区遥感矿产地质特征与近矿找矿标志解译图

新疆维吾尔自治区彩华沟海相火山岩型铜矿预测工作区

新疆维吾尔自治区彩华沟海相火山岩型铜矿预测工作区影像质量好、色彩丰富、对比度强，基岩出露好。预测工作区内含矿目的层为泥盆系阿尔皮什麦布拉克组，分布于中部和北部，呈北西西向展布，受库尔勒断裂控制明显，主要出露在库尔勒断裂带以南，为一套海相碎屑岩-基性火山岩建造。遥感影像上色调一般呈紫褐色，斑点状纹理发育，地势相对较高。与矿产预测组预测的含矿地层与解译的带要素套合好。遥感羟基异常分布与预测的含矿层在西北部关系较密切。

预测区中圈定了一处遥感最小预测区，分布于中北部，其特征为带要素发育，位于库尔勒断裂南侧，北部边缘受库尔勒断裂控制，北东向、北东东向和北北西向次级断裂发育，成因不明环要素与带要素相套合；西部呈群状分布的花岗岩体引起环要素发育；东部由基岩体引起的环部分与带要素套合；中部发育弧形带状的角岩化蚀变；北部为脆韧性变形带。

图47-1 彩华沟铜矿预测工作区遥感影像图

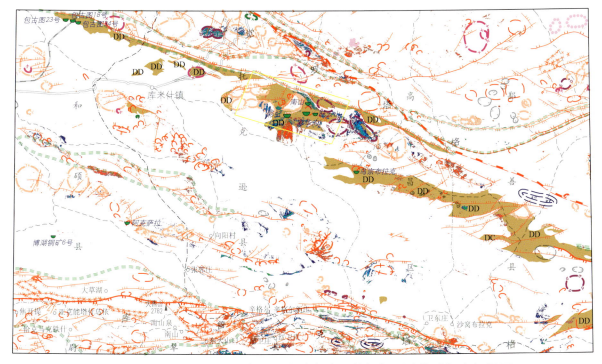

图47-2 彩华沟铜矿预测工作区遥感矿产地质特征与近矿找矿标志解译图

新疆维吾尔自治区多拉纳萨依破碎蚀变岩型金矿预测工作区

新疆维吾尔自治区多拉纳萨依破碎蚀变岩型金矿预测工作区的含矿目的层为泥盆系阿舍勒组，泥盆系托克萨雷组。解译带要素与矿产预测组预测的含矿地层部分套合较好。该预测工作区中部的影像质量较好，上部及下部大部分被植被所覆盖。阿舍勒组主要岩性为火山岩，在遥感影像上呈紫色、褐紫色，纹理较粗糙，树枝状水系发育，与周围地层没有明显区别。托克萨雷组主要岩性为火山碎屑岩，在遥感影像上呈紫色、紫红色，斑点状纹理，树枝状水系发育，与周围岩体界线较清晰。阿舍勒组及托克萨雷组受北西向断裂控制，产生挤压、破碎，且附近有大片岩体的存在，为成矿提供了热源及热液。在阿舍勒组和头道白杨组已发现多拉纳萨依金矿和托库孜巴依金矿。在托库孜巴依金矿的外围有一个巨型环，内嵌套若干个环，与线要素相交，也与带要素相交，应注重相交部位及已发现矿床的外围找矿工作。遥感羟基异常主要分布于预测区的东南部，与含矿地层套合较好。遥感铁染异常主要分布于预测区的东北部，与含矿地层不套合。

预测工作区内圈定了两处遥感最小预测区，分布于预测工作区的中部，其中偏北部的遥感最小预测区带要素发育，由中酸性花岗岩体引起的环要素发育并与带要素套合，东部受断裂控制明显。偏南部的遥感最小预测区带要素发育，北西向的两条断裂与带要素相交，由古生代花岗岩体引起的巨型环与带要素相交。

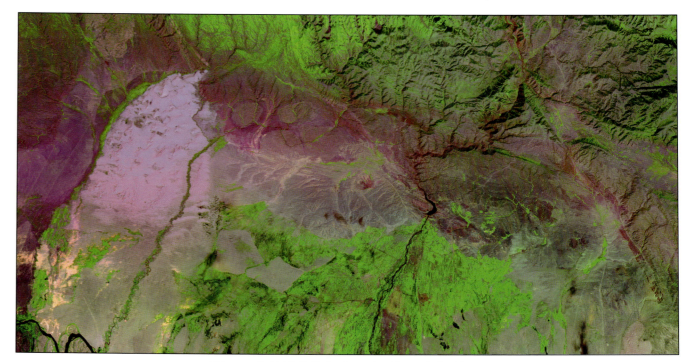

图48-1 多拉纳萨依金矿预测工作区遥感影像图

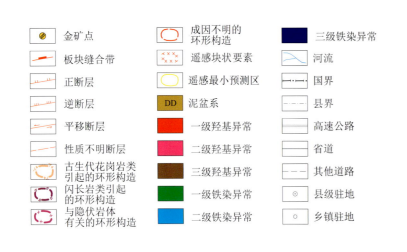

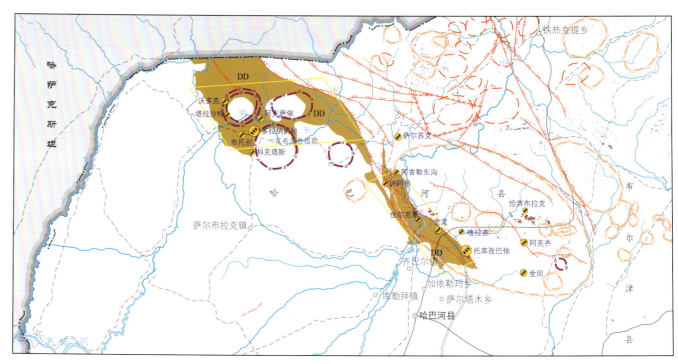

图48-2 多拉纳萨依金矿预测工作区遥感矿产地质特征与近矿找矿标志解译图

新疆维吾尔自治区双峰山-苇子峡破碎蚀变岩型金矿预测工作区

图49-1 双峰山－苇子峡金矿预测工作区遥感影像图

新疆维吾尔自治区双峰山-苇子峡破碎蚀变岩型金矿预测工作区中部构造带和西部地区密集的环要素与密集的线要素相交，同时块要素也非常发育，含矿目的层是石炭系巴塔玛依内山组。角岩化蚀变分布于东南部和西部，褐铁矿化蚀变主要分布于中部和东南角，为找矿有利部位。中部构造带和西部构造带交会地区的线性断裂、块要素、环要素都非常发育，一些地方角岩化和褐铁矿蚀变发育，这些要素套合和相交部位是找矿有利部位。

在预测区中圈定了两处遥感最小预测区，其中偏东部遥感最小预测区处于喀拉麦里-二连断裂破碎带上，线性构造密集，环要素呈群状产出并与线要素相交，发育多处褐铁矿化，并与带要素套合好。偏北部的遥感最小预测区位于喀拉麦里-二连断裂破碎带上，线性构造密集，环要素呈群状产出并与线要素相交，发育多处褐铁矿化，并与带要素套合好，块要素发育。

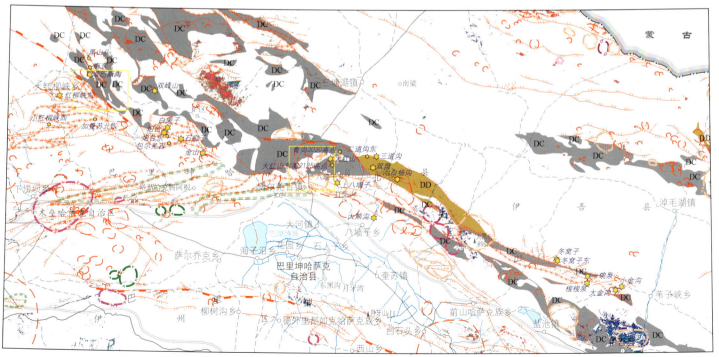

图49-2 双峰山－苇子峡金矿预测工作区遥感矿产地质特征与近矿找矿标志解译图

新疆维吾尔自治区索尔巴斯陶一带索尔巴斯陶式火山热液石英脉型金矿（伴生银）预测工作区

新疆维吾尔自治区索尔巴斯陶一带索尔巴斯陶式火山热液石英脉型金矿（伴生银）预测工作区影像质量好，色彩丰富，对比度强，无云，基岩出露好，北部植被较发育，索尔巴斯陶金矿（伴生银）区位于预测工作区的中东部，与金矿（伴生银）有关的含矿地层为下石炭统七角井组二段，岩性为粉砂、细砂岩、中粒砂岩的韵律层夹杏仁状玄武岩、硅质岩及碳质泥岩、灰岩。遥感影像上呈紫褐色、灰蓝色、土黄色，层理较清晰，色调深浅相间，与周围地层色调和纹理有一定区别，含矿地层与线要素套合较好，两侧受断裂控制。遥感羟基异常在预测工作区呈星云状广泛分布，与含矿地层套合较好；遥感铁染异常在预测工作区呈星团状分布，与含矿地层套合不好。

在预测工作区中圈定了一个遥感最小预测区，为含矿带要素下石炭统七角井组二段处，位于预测工作区中东部，博格达断裂带北侧，线要素较发育，发育有性质不明环形构造，遥感羟基异常较发育。

图50-1 索尔巴斯陶金矿预测工作区遥感影像图

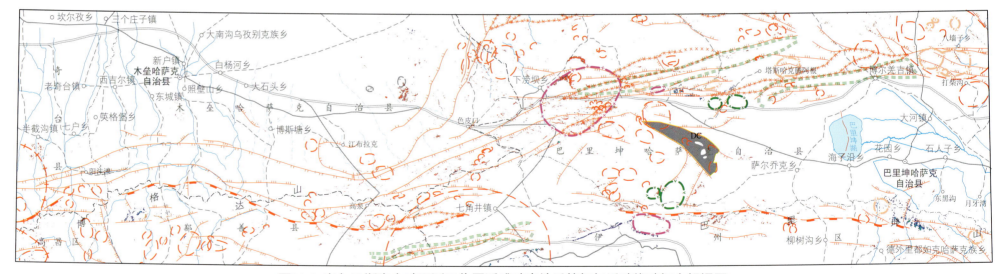

图50-2 索尔巴斯陶金矿预测工作区遥感矿产地质特征与近矿找矿标志解译图

新疆维吾尔自治区兴地基性—超基性岩铜镍矿预测工作区

新疆维吾尔自治区兴地基性—超基性岩铜镍矿预测工作区的含矿目的层为基性—超基性岩体。区内影像质量高，能够判读的地质内容十分丰富。

在影像中，基性—超基性岩体色调较暗，规模一般较小，形状多为不规则状，分布于大型—超大型断裂带附近。基性岩体与羟基、铁染异常关系不明确。兴地基性—超基性岩铜镍矿区位于预测工作区的南部，在矿区处利用高精度影像及矿区地质图，归纳出与铜矿（伴生银）有关的基性—超基性岩体。基性—超基性岩体为铜镍矿的母岩，其影像特征为：岩体影像色调较暗，呈灰黑色、深灰褐色，斑块状纹理，与围岩区别明显。对照矿区地质图，从影像中能够明显划分出以下地质体，深蓝色影像对应矿区地质图中的辉长苏长岩，铁锈红色影像对应二辉辉石岩、单辉辉石岩，白色影像对应大理岩，灰色影像对应黑云斜长片岩。另外各种脉岩在影像中也十分清楚。

预测区中圈定了一处遥感最小预测区，分布于南部，其特征为出露一小型基性辉绿岩体，东西向、北东东向和北西向断裂发育，北部发育由花岗岩体引起的环形构造，基性岩体位于脆韧性变形带上。

图51-1 兴地铜镍矿预测工作区遥感影像图

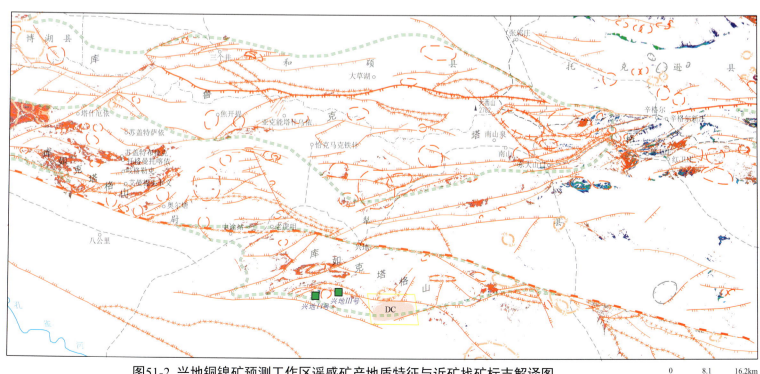

图51-2 兴地铜镍矿预测工作区遥感矿产地质特征与近矿找矿标志解译图

新疆维吾尔自治区马庄山陆相火山岩型金矿预测工作区

新疆维吾尔自治区马庄山陆相火山岩型金矿预测工作区的含矿目的层位于预测工作区东南部的雅满苏组。含矿层多处与环要素套合好，北部雅满苏组的线要素较发育，特别是中北部大断裂带以北，线要素、环要素、色要素、块要素都较发育，又处于大的断裂破碎带上，为金的活化运移创造了有利条件，是寻找金矿的有利部位。在预测工作区中南部，带要素雅满苏组与两组断裂相互套合，北部有大片的古生代花岗岩体发育，提供大量的热源和热液，为金矿的形成创造了条件。

区内影像质量较好，色彩丰富，对比度强，基岩出露好。遥感影像上带要素雅满苏组为灰黑色或深褐色，地势相对较高，北部为第四系冲洪积物，色调差异明显。带要素与构造建造图套合较好。羟基发育，主要分布于西南部、北部和东南部，呈北东东向多条带状展布，西南部呈散点状分布，北部和东南部与带要素套合，西北部无羟基发育。铁染集中分布于中南部，呈斑点状分布，与带要素套合差。

在预测区中圈定了两处遥感最小预测区，位于预测区北部和南部。北部遥感最小预测区处于大断裂破碎带上，雅满苏组带要素发育，线要素、环要素、色要素都有发育。南部遥感最小预测区红柳河组带要素发育，与两组不同方向的线要素相套合，其北部出露大片古生代花岗岩体，该岩体提供大量热源和热液，为金矿的形成创造了有利条件。

图52-1 马庄山金矿预测工作区遥感影像图

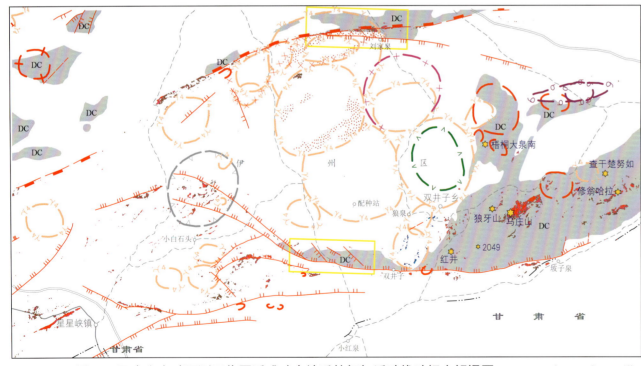

图52-2 马庄山金矿预测工作区遥感矿产地质特征与近矿找矿标志解译图

新疆维吾尔自治区康古尔-天目破碎蚀变岩型金矿预测工作区

图53-1 康古尔-天目金矿预测工作区遥感影像图

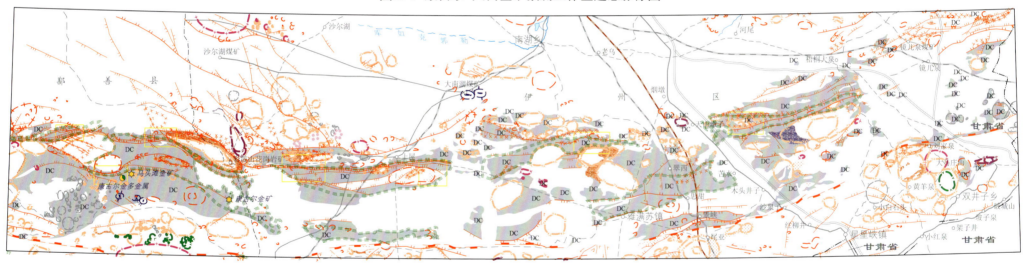

图53-2 康古尔-天目金矿预测工作区遥感矿产地质特征与近矿找矿标志解译图

新疆维吾尔自治区康古尔-天目破碎蚀变岩型金矿预测工作区影像质量好，色彩丰富，对比度强，基岩出露好。含矿目的层石炭系干墩组在遥感影像上呈青灰色、深棕褐色，线性纹理清晰，为挤压应力变形所致。含矿目的层为石炭系干墩组、雅满苏组、梧桐窝子组，呈灰黑色、深褐色。雅满苏组为深褐色，具灰黑色斑点状纹理。脆韧性变形在该预测工作区中非常发育，这就为金矿的形成创造了非常好的条件，使金活化转移并富集成矿。羟基异常发育较好，含矿目的层套合较好，铁染异常主要分布于中部，与含矿目的层套合差，但与古生代花岗岩体套合好。

在预测区中圈定了7处遥感最小预测区，都位于预测区中部的脆韧性变形带上，该带近东西向贯穿整个预测区，从西向东依次排列。遥感最小预测区一般位于脆韧性变形带上，并且与带要素、色要素相套合，部分无色要素发育，线要素、块要素、环要素发育。

陕西省旬阳县赵湾-南沙沟泗人沟式细碎屑岩型铅锌矿预测工作区

陕西省旬阳县赵湾-南沙沟泗人沟式细碎屑岩型铅锌矿预测工作区大地构造位置为南秦岭弧盆系宁陕-旬阳板内陆表海。含矿建造为上志留统水洞沟组下段千枚岩夹灰岩建造，下志留统梅子垭组板岩、千枚岩、砂质生物碎屑灰岩建造。

主要控矿条件：①水洞沟组下段、梅子垭组绢云千枚岩夹砾岩、杂砂岩、白云岩及生物碎屑灰岩，绢云母板岩、绿泥绢云千枚岩；②北西西向、近东西向区域性断裂，主要矿体均受背斜翼部及层间裂隙控制。

遥感找矿要素：①水洞沟组带要素，为与铅锌矿有关的带要素，影像显示为淡绿褐色，色调浅，易与周围地层区分，是重要遥感找矿要素；②近东西向南羊山区域性断裂及次级顺层断裂。

工作区中东部划分出两处最小预测区。遥感找矿有利部位为色调极浅的含矿影像层，叠加有顺层次级断裂部位。

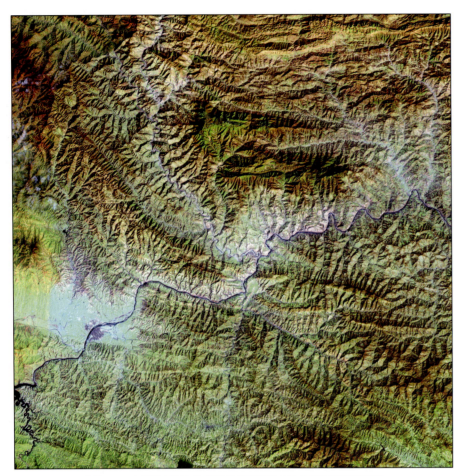

图54-1 赵湾-南沙沟铅锌矿预测工作区遥感影像图

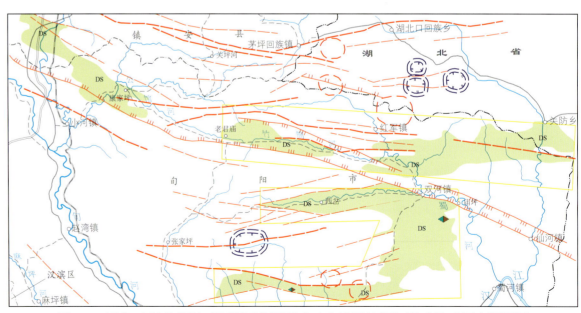

图54-2 赵湾-南沙沟铅锌矿预测工作区遥感矿产地质特征与近矿找矿标志解译图

陕西省凤县-太白-周至铅硐山式碳酸盐岩-细碎屑岩型铅锌矿预测工作区

陕西省凤县-太白-周至铅硐山式碳酸盐岩-细碎屑岩型铅锌矿预测工作区大地构造位置处于南秦岭弧盆系，含矿建造为中-上泥盆统古道岭组（$D_{2-3}g$）灰岩建造，上泥盆统星红铺组第一段（D_3x^1）千枚岩夹灰岩建造。主要控矿条件：区域上受近北西西向断裂束控制，地层受古道岭组，星红铺组中厚层灰岩、生物碎屑灰岩、礁灰岩，绢云千枚岩、粉砂质绿泥绢云千枚岩控制，主要矿体均受背斜鞍部、两翼及层间裂隙控制。

区内与成矿作用有关的遥感要素商丹断裂带与酒奠梁-江口镇断裂影像清楚，为控制本区泥盆系沉积范围的区域构造；北东向同生断裂控制沉积盆地热水沉积环境；由古道岭组灰岩与星红铺组千枚岩构成的紧密褶皱及岩性界面的北西向断裂、裂隙控制矿体。含矿岩系由中厚层灰岩、生物碎屑灰岩、礁灰岩，以及绢云千枚岩、粉砂质绿泥绢云千枚岩组成。灰岩影像突出，呈暗色凸起带状，千枚岩地貌平缓、色浅，沿走向层间裂隙发育。与成控矿作用有关的环形构造有：①构造盆地形成的环形构造，出现在工作区西部，长轴近40km，短轴约20余千米，解译为泥盆系裂陷海槽中次级热水沉积盆地，控制着凤太矿田西部大部分铅锌矿床的分布；②由褶皱引起的环形构造，出现以古道岭灰岩为核、星红铺千枚岩为翼的背斜转折端，以断续的弧形山脊、水系以及地层层理形成的冲沟为特征，为控矿构造。

图55-1 铅硐山铅锌矿典型矿床遥感影像图

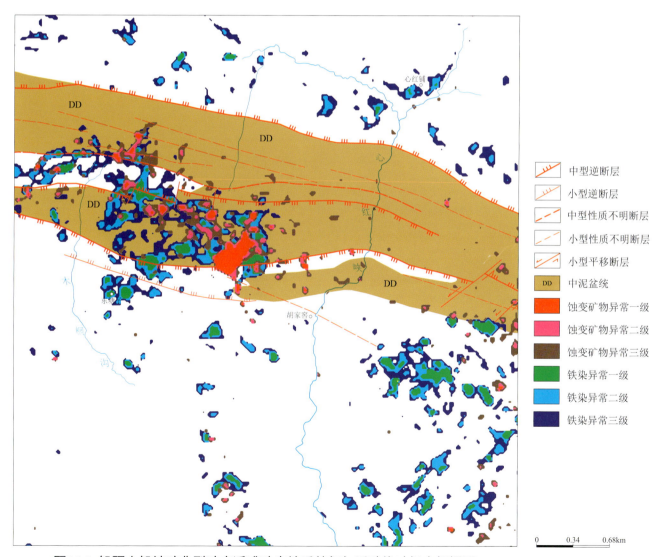

图55-2 铅硐山铅锌矿典型矿床遥感矿产地质特征与近矿找矿标志解译图

陕西省西乡-镇巴关坪式沉积型铝土矿预测工作区

陕西省西乡-镇巴关坪式沉积型铝土矿预测工作区位于华南陆块的米仓山-大巴山基底逆冲带。含矿建造为二叠系吴家坪组灰色中厚—厚层块状含燧石团块的泥晶灰岩、生物碎屑灰岩。含矿层为底部稳定发育的（厚2~5m）含鲕粒铁铝质泥质岩。成矿时代为晚二叠世，主要控矿条件为古风化壳（不整合面）与吴家坪组铁铝质泥质岩。

在遥感影像上吴家坪组含矿岩系显示为色调均匀的狭长条带，部分对应于中下二叠统梁山组-阳新组地层，为区内铝土矿找矿的重点区段。镇巴-司上-大池乡构造块体呈近似的四边形，由东边兴隆场断裂、南边空山坝-小洋坝断裂、西边黄连河断裂和干沟河断裂以及北边高家池-田坝子断裂所围成。该构造块体为新生代断裂抬升断块，二叠纪铝土矿含矿地层被抬升出露，对铝土矿的分布有控制作用。遥感羟基异常总体呈近南北向带状展布，主要分布于司上-小洋坝断裂两侧，但无明显指示意义。

区内遥感铁染异常主要分布于二叠系梁山组、阳新组、吴家坪组及三叠系大冶组地层碳酸盐岩建造及铁质泥岩碳酸黏土岩建造中，此类异常的形成与地层中的含铁质页岩及黏土岩有关，部分异常与断裂构造有关。

图56-1 西乡-镇巴铝土矿预测工作区遥感影像图

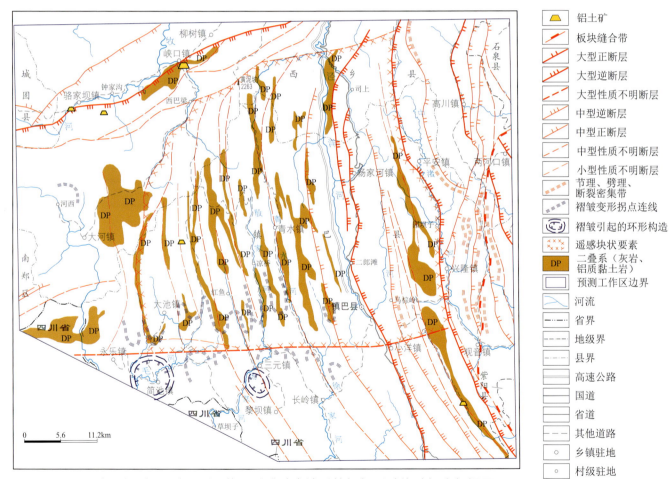

图56-2 西乡-镇巴铝土矿预测工作区遥感矿产地质特征与近矿找矿标志解译图